雪豹

神秘而凄美的故事

新疆美术摄影出版社
新疆电子音像出版社

图书在版编目（CIP）数据

雪豹,神秘而凄美的故事／西北平原著.—乌鲁木齐:
新疆美术摄影出版社:新疆电子音像出版社,2008.12
（新疆人文地理丛书）
ISBN 978-7-80744-514-2

I.雪… Ⅱ.西… Ⅲ.猫科－简介－新疆 Ⅳ.Q959.83

中国版本图书馆 CIP 数据核字(2008)第 193383 号

雪豹,神秘而凄美的故事

主　　编	张新泰	
编　　著	西北平原	
责任编辑	轩辕文慧	
封面设计	党　红	
版式设计	王江林	
出　　版	新疆美术摄影出版社	
	新疆电子音像出版社	
	（乌鲁木齐市西虹西路 36 号　830000）	
发　　行	新华书店	
印　　刷	乌鲁木齐科恒彩印有限公司	
开　　本	787 mm×1092 mm　　1/16	
印　　张	7.25	
字　　数	115 千字	
版　　次	2008 年 12 月第 1 版	
印　　次	2009 年 1 月第 1 次印刷	
书　　号	ISBN 978-7-80744-514-2	
定　　价	28.00 元	

目录
C OTTON

绵绵虎豹情

黄佩莹今年 38 岁,却已经饲养了 18 年的大型猫科动物。在她的心目中,那些凶猛骠悍、桀骜不驯的老虎和豹子,最通人性。那天,在乌鲁木齐动物园的豹馆,黄佩莹给记者讲述了她 20 多年来喂养动物的故事,话语间充满了女性慈母般的真情和挚爱……

老孟令我愧疚至今

春天来了,到处花红草青,绿阴婆娑,充满了勃勃生机。"老孟"就是在这个美好的季节来到豹馆的。

说真的,老孟初来乍到,我并不大喜欢它,因为这只来自南亚热带丛林的孟加拉雄性虎,才 3 岁多一点,却很顽皮。它总是奔走在高大的铁笼子里,上蹿下跳,吼声如雷,两眼冒着凶光,呲牙咧嘴,仿佛对我们充满了仇恨,伺机下口。养了这么多年的老虎,我还从来没见过这么不通人性的家伙。

当时,我们园里还有 5 只东北虎,这 5 只东北虎都是雌性,又与我们相处时间长了,情深意笃,再加上它们本身就性格温顺、善解人意,我确实打心眼里喜欢它们,叫它们名字时的口吻都像呼唤自己的孩子一样,喂食时自然少不了"偏心"。当然,我也不纯粹是"偏心",老孟相对于它们来说,是个棒小伙子,体质健壮,因此,根据"均衡"的分配原则,我肯定将牛羊的大腿小腿等精肉喂那几只东北虎,而给老孟只吃些筋皮脖颈类的瘦肉。

当时,这 6 只老虎并排关在 6 个铁笼里,铁笼按"1、2、3……"编号,老孟就排在第 6 号铁笼。每天上午,我和同事都要端着肉盆从老孟面前走过,然后从 1 号笼开始发放,自然最后一个才轮到它。起先,我并没在意老孟的表情,更没想到它的内心感受。有一天,我端着肉盆走过时,无意间看了老孟一眼,突然发现它平时凶光毕露的双眼,竟然闪烁出怜人的神情,我随口叫了声:"老孟!"它竟然将前爪趴在铁网上,好像在向我致意:早上好!

我依然按惯例向它们分发食物,待分发到 5 号笼也就是老孟的近邻时,只见老孟边看它的芳邻将一条肥美的羊腿用口衔住兴高采烈地钻进里屋,边抬起乞求的双眼可怜巴巴地望着我,嘴里还吟吟有声。万万没想到,当我将剩下的一条血糊糊的羊脖子扔给老孟时,它的双眼突然一改可怜巴巴的神色,顿时又射出凶恶的电

光，朝我"呜"的一声怒吼，胡须直竖，似乎要冲出来将我撕个粉碎，我大吃一惊！

"这小子，一下子怎么了？"见它凶巴巴地对我吹胡子瞪眼，却对面前那条血淋淋的羊脖子视而不见，我这才明白过来："噢！它嫌我'虐待'它了吧？"就在这一瞬间，我心生愧疚，几乎不敢看这位翻越千山万水来自异邦的老孟。

第二天，我故意做个实验，先从老孟的 6 号笼发放食物，并将一块又肥又嫩的羊腿肉扔给它。老孟一见，立马跳起来接过去，认真地嗅了嗅，这才抬头对我轻轻吟了一声，两只大眼睛顿时闪耀着兴奋、感激和温柔的光芒……我忍不住流出了眼泪："老孟，你太聪明了！这么多天来，是我对不住你呀！"老孟也许听懂了我真诚的道歉，友好地望着我，点点头，摇摇尾巴，然后才衔着那条肥美的羊腿跑进了它的小屋。

就这样，我们故意试验了好几次，屡试不爽。看来，即便是老孟这样凶猛的野兽，也有它"人性"的一面，也会分辨善恶，知道好歹，而且爱憎分明。你不能轻视它、慢待它，更不能对它不公平，这也许正是老虎这种高贵动物的天性。

从那时起，我就真心喜欢上了这个来自南亚的"洋小伙"。

兄妹情深令人动容

星星的父亲叫阿利，是一只体形健硕、威风凛凛的东北虎，我曾喂养了它好几年。4 年前，星星和它的妹妹三毛，就出生在我们这个和谐温馨的家园。从小看到大，星星和三毛简直就跟我的儿女一样。

星星生的虎头虎脑，从小就调皮、活泼、憨态可掬，无论什么时候逗它，它都会尽兴地跟人玩耍，绝不厌烦。然而，那天它病了，而且病得不轻。

已经是寒冬腊月，本来东北虎的房间按要求温度要低得多，但星星病了，卧在寒冷的水泥地上，不吃不喝，也懒得动，只用一双乞怜的大眼睛望着我，仿佛在说："阿姨，我这是怎么啦？救救我吧！"

我心疼极了，只要见到兽医，就非得追问不休："大夫，星星到底得的是啥病，有没有救？我是看着它长大的，可千万要治好它呀！"兽医总是安慰我说："小黄，你放心吧，星星没什么事。"尽管我更精心地喂养和照料星星，但是为了星星能得到更好的调养，领导还是决定将星星送到"狮馆"那儿去继续疗养。因为那儿都是来自热带的动物，馆舍相对要温暖些。

星星离开时，一直用那对乞怜的大眼睛望着我，它肯定是怕与我从此一别，再难以见面。我明白它的心思，就抚摸着它柔软的脖颈，轻声地叮嘱："去吧，星星！好好养病，阿姨会常去看你的。"

狮馆虽然与我们豹馆相距不到 200 米，但是星星一走，我的心就像被掏空了似的，寂寞难耐，坐卧不宁，于是，一天数次往狮馆跑。每次我去，星星哪怕是正在昏昏沉睡,都会猛然惊醒,支撑着虚弱的身子爬起来,用那双温柔的大眼睛迎接我。星星的那双眼睛清纯似水,始终在我的脑海里荡漾,至今多少年过去了,星星也早就远走他乡,但是我却一直忘不了它患病时那双明亮的大眼睛里闪烁着的怜人的光芒。

后来我才明白,星星的病也许源于它妹妹三毛的"出嫁"。

三毛是一只漂亮温柔的小母虎,她更像她的妈妈阿黛。在哥哥星星生病的前几天,三毛身负"友好使者"的重任,被送往遥远的内地去了。

记得三毛临走的那天下午,它仿佛已经有了预感,不再像平常那样活泼开朗,而是神情犹豫,两眼茫然,悄悄地趴在屋子的一角,一动不动,对相邻哥哥的引诱和挑逗,也不理不睬。

第二天一大早,我打开铁笼的大门,轻轻地走进三毛宽敞的小屋,亲切地叫道:"三毛,起来吃饭了!"谁知,三毛依然卧在地上,一动不动,只用那对水汪汪的大眼睛,瞅了我一下,又漠然地望着前方。我明白三毛心里难受,就抚摸它的前额,开导说:"三毛呀,既然你名字叫了三毛,就命中注定要四处漂泊。不过那样也好,你也会像那位走遍世界的作家姐姐一样,每到一个新的地方,都会把它当成新的家园,收获新的感觉。"

三毛大概听懂了我的话,这才在我的招呼和引导下,慢慢站起来,抖了抖身上的灰尘,然后一步一步地蹬上了卡车。上车后,三毛再一次回过头来,用眼睛深深地望了望我,又望了望它生活了多年的小屋,当然,也没有忘记和它的哥哥星星道别,虽然没法用言语表达,但我分明看到了它眼里饱含着的眷恋和深情。对于命运不在自己手里掌握的老虎来说,这真是生离死别啊,我的泪水禁不住汹涌而出……

三毛走后不久,星星就病倒了。动物,也是有感情的,何况它们乃一母同胞,青梅竹马,两小无猜。

恋爱中的虎虎和京京

今天刚一上班,赵科长就兴奋地告诉我:"小黄,虎虎今天就要跟京京见面了,你可要多多成全它们呀!"

"京京要来?"我一听高兴坏了,忙说,"这可是虎虎的大喜事呀!我这个做阿姨的,能不尽心尽力吗?"

虎虎是一只刚满3岁的东北虎,来自郑州。而京京呢,比虎虎要小两岁多,来自南京,因此名叫"京京"。由于京京还不到婚配年龄,因此暂时不能让京京和虎虎同居一室,只能让它们毗邻而居,每天有见面和交流的机会,增加了解,慢慢培养感情。

尽管虎虎和它的名字一样,不但年龄比京京大,体型也比京京高大威猛得多,而且正值青春发育期，也许是雄性荷尔蒙分泌旺盛的缘故，虎虎性格暴躁，对初来乍到的京京并不怜香惜玉，时不时还要朝它怒吼几声，呲牙咧嘴地耍威风。可京京呢，并不像从前我养过的其它小"姑娘"，那么腼腆、羞怯，大有"怕你不成，你奈我何"的巾帼英雄气概，对虎虎的不友好压根儿不当回事。这就更激怒了虎虎，它总是无端挑衅，常常趴在铁网上晃得山摇地动，只有呵斥它几声，它才会老实一点儿。京京也许发现了虎虎的黔驴技穷，也许明白了我们"偏心眼"呵护它，胆子益壮，常趁虎虎呼呼大睡时，冷不防扑上铁网一顿猛摇，吓得虎虎惊醒过来，腾身而起，待定睛发现是京京，自然恼羞成怒，凶狠地扑过去欲报复，却被铁网拦住，它只能自己生闷气。而京京呢？这时却装出一副若无其事的样子，从容不迫地卧在阴凉处，闭目养神。

天长日久，京京依旧瞅机会招惹虎虎，虎虎好像也被磨褪了性子，不再动辄暴跳如雷。后来，虎虎也许已经明白，京京即将成为它美丽的新娘，该绅士的时候必须装出绅士的风度来！

有一天中午差点出了大事，我和同事小王正在打扫卫生，却见一个十三四岁的小男孩，冷不防把一个矿泉水瓶子"叭"地一声，扔进了虎虎的房间，拔腿就跑！我喊他，他竟然跑得更快。这怎能不令我生气呢？我扔下工具就追了过去，谁知那小男孩比我跑得还快。我追过熊山，追过狼舍，追过鸟馆，追了十几分钟，在偌大的动物园内绕得头昏眼花，最终还是被他甩掉了！待我气喘吁吁地返回豹馆，小王已将矿泉水瓶儿取了出来，但已经被虎撕碎。我一看更害怕了，如果有那么一两片被吞进嘴里，虎虎的生命就有可能受到威胁，我既生气，又担心。

就在我和小王仔细查看虎虎的表情神态时，大门口的售票员突然跑来找我，说："黄师傅，门外来了几个人，说你把他们家的小孩赶出去了，咋回事？"我一听，气就不打一处来，马上和售票员一块儿来到大门口，果然见一对青年男女，领着那个扔矿泉水瓶子的小男孩，声称是他的小姨和姨夫，气势汹汹地质问我为什么要平白无故赶他们的外甥出园？

我强捺着心头呼呼上窜的火苗，平静但严肃地对他们说："你让他自己讲，他刚才干了什么？"那男孩起初躲在其小姨身后，但见有大人撑腰，就跳出来满嘴撒谎，矢口否认他扔了矿泉水瓶。我万万没想到，一个十三四岁的小男孩竟然这么刁顽，我耐心地讲了事情的经过，又毫不客气地说："如果这孩子是我儿子，我现在就会扇他耳光，让他知道什么是错！你们知道吗？老虎一旦吞食了那个矿泉水瓶子，将会产生什么后果？"

那个男孩的小姨和姨夫似乎并不以为然，我们只好到公园附近的派出所解决问题。派出所的民警问清了事件的来龙去脉，便随我们一块儿来到动物园豹馆，将那个矿泉水瓶子拣起来，并将碎片对全了，发现一块也没丢失，这才放下心来，严肃地告诫他们："东北虎乃国家一级保护动物，一旦出了事，你们作为监护人也好，家长也好,是要负法律责任的!"

那对青年男女还有那个顽皮的小男孩,这才羞愧地垂下了头。

我们人类有时真的不太尊重动物,其实,我们生存的这个地球,并不仅仅是人类的,它也是所有动物的家园啊!

别骚扰晨晨,它烦着呢

又是一年春草绿。

早晨真好!太阳真好!暖风真好!生活真好!然而,晨晨却趴在这明媚的春光里显得郁郁寡欢,脸上没有一丝喜气。

"晨晨,你这是怎么了?"我以为小"姑娘"生病了,心头一惊,忙贴近铁笼向它问好。但是,它一改往日见了我就会小跑到我面前,将前爪伸给我与我亲昵的习惯,只半睁开那双美丽的眼睛,淡淡地扫了我一眼,又闭上眼帘,只管睡它的觉。

我急忙请来兽医,兽医在做了认真的诊断后,说:"放心,晨晨没病。"

晨晨没病,咋这么一副精神状态呢?我将自己的困惑给兽医讲了,也给同事和领导讲了,大家你一言我一语地分析、讨论,最后终于异口同声地得出了结论:这是个春情勃发的季节,晨晨肯定是想做新娘了!

我这才恍然大悟!

是啊!雪豹晨晨已经3岁,该到出嫁的时候了。常言道:"姑娘大了不中留,留来留去结冤仇。"人和动物一样,到了婚嫁的年龄,如果没有爱情的滋润,它的青春就有可能过早地枯萎。晨晨正值如花似玉的季节,当然不能眼看着它忍受"干渴"。可惜,瞅来瞅去,目前尚没有合适的对象介绍给晨晨。这可怎么办呀?我这个做阿姨的心里也着急,但是心急吃不了热豆腐。像晨晨这样生长在天山3000米雪线以上的"白雪公主",哪能随随便便凑合着嫁人呢?必须找个门当户对的,才能保证其爱情幸福美满,后代血统纯正。

于是,我每天上班就给它做思想工作:"晨晨,快起来,看天气多好,出来晒晒太阳吧!等阿姨和叔叔们慢慢给你找一个如意郎君。"可是,晨晨仍对我眼含幽怨,不理不睬。唉!晨晨呀晨晨,你可千万别憋出病来,阿姨和叔叔们确实都在为你的婚事操心呢!你一定要快乐起来,像这明媚的春天一样,不然,真的找个如意郎君来,人家哪敢跟一个愁眉苦脸的"姑娘"恋爱呢?

晨晨仿佛听懂了我的话,羞涩地低下美丽的脑袋,任我抚摸,嘴里还"呜呜"地发出撒娇的声音。

谁知,那天中午为了晨晨,我与一个不文明的游客大吵了一场。

当时,有一群男女游客谈笑风生地从熊山那边过来,当来到豹馆时,就见一个40岁左右的男人,用手里的喷水枪将一股水径直喷向晨晨。正在熟睡的晨晨,被突如其来的凉水刺醒,猛地站起身,见原来有人在恶作剧,顿时大怒,用憎恶的目光死死地盯着那个无聊的骚扰者,嘴里发出"呜呜"的怒吼。我刚打扫完卫生,正在一旁休息,见那个男人还在喷水,就大喊着想制止,也许人太多太吵,他没听见。我急了,就走过去轻轻拍了一下他的肩膀,面带微笑,半开玩笑半认真地说:"先生,请您别喷了!您如果再给豹子喷水,我也会用水枪喷您的!"

那位肇事者也许感觉到了自己确实犯了错,不好意思地冲我笑了笑,并没讲话,却收起了手里的水枪。没料到,和他一起的另一个男人不满意了,冲着我就嚷嚷起来:"不就是只动物吗?喷喷水逗它玩玩咋啦?你还要喷人,你喷喷试?"

咦!真是"皇上不急,急了太监",我的火一下子上来了,但碍于我们园里的"文明服务公约",强捺住心中的愤怒说:"你怎么这样讲话?动物是供人观赏的,不是任人欺侮的!你这么大个人,咋连一点起码的公德都不讲呢?再说啦,我又没和你讲话,你插什么嘴?"

那男子也许以为我一个小小的动物饲养员,竟敢与衣冠楚楚的他争吵,更恼羞成怒,大叫大嚷,惹得周围的游客都在观看,也引起了所有虎豹们的兴趣。它们齐齐站在铁网前,观看这场人与人之间的可笑争吵。

我本来就因为晨晨的郁郁寡欢而心情不好,这下心情坏到了极点!好在那个肇事者自知理亏,自始至终没说一句话,反而劝他的朋友快快闭嘴,拉着他匆匆离开。

他们走后,我回到房间,扑倒在桌前忍不住哭出声来!我不明白,动物都那么有人性,为什么某些人就这么缺少人性呢?我从自己的感受,能想象出晨晨在受到无端骚扰时的心情。

望望,是我永远的心痛

望望是我饲养的第四只雪豹幼仔。刚来时,望望的体重只有 1.93 千克,又瘦又弱,真像只可怜的小猫。但我一见它,就爱上了它,每天把它抱在怀里,用奶瓶喂它。每当看到我拿着奶瓶走进它的小屋,望望就像孩子见了娘,兴奋得又蹦又跳。它一颠一颠地小跑着奔过来,不顾一切地扑进我的怀抱,用毛茸茸的前爪抱住奶瓶就"咕咚,咕咚"地喝,那馋相憨态,真爱死人了。

每隔 10 天,我们就要给望望称一次体重,每次见它多长了几百克,我的心就像灌了蜜似的,甜透了。待望望长到 16.8 千克时,我已经抱不动它了,就让它自己独居一室,自立生活。

随着一天天长大,望望也开始顽皮起来,它自己在小屋里上蹿下跳,玩得不亦乐乎。和所有的猫科动物一样,它对人的声音特别敏感,只要听到我说话,无论能不能看见,它都会立即停止玩耍,竖起两耳细听。只要听我喊一声"望望",就颠着小步快快地跑过来,等待我对它抚摸、耳语、添食、加水。

　　有天下午,我刚来上班,同事小马就告诉我:"黄姐,你快来看呀! 望望爬上屋檐下不来了! "我忙过去一看,果然,只见望望像只顽皮的小猫,用前爪抓着屋顶的铁骨架,捉迷藏似的左躲右闪,任小马再喊也不下来。小马叹息着说:"这小家伙,已经这么折腾了一中午,我喊它嗓子都快喊哑了,可它就是不下来。它最听你的,你吓唬它一下吧! "

　　我也怕望望爬得这么高,冷不丁吓它一下,摔下来可就惨了,便尽量以温和的口吻诱劝它:"望望下来玩,别摔着了。听话啊! "望望回头看了我片刻,就熟练地一猫腰,腾空而下,竟然平稳地站在了地上。然后,用一副得意的神情望着我,仿佛在表现自己:瞧,我行,别担心哟!

　　可惜,可爱顽皮的望望后来患了一场重病,夭折了,这让我至今仍伤心难过。

　　记得那天是 8 月 11 日,也是我的 35 岁生日。中午临下班时,患病已久的望望静静地躺在特设的保健箱里。兽医刚刚给它打了针,无奈地告诉我说:"望望恐怕是不行了! "我知道,他的心情也和我一样的沉重,俩人一时都无话可说。本来,我饥肠辘辘,想去吃午饭,但看到望望那副难受的模样,我真的不忍心离它而去。同事小王说:"黄师傅,您先去吃点吧,我在这儿呢,没事。"

　　谁知,我出去才半个时辰,小王就打电话过来,急促地说:"黄师傅,望望不行了,你快过来……"我扔下吃了一半的饭,三步并做两步跑回豹馆,只见望望侧卧在保健箱里,两眼瞪得大大的,仿佛对这个阳光灿烂的世界充满了无限眷恋,只可惜那虎虎生威的瞳孔已经放大,一动不动了……我忍不住失声痛哭起来!

　　这时,丁科长语气沉静地说:"动物也有生老病死,这是自然规律,这不能怨你! 你们喂养它也尽心尽力了,大家都节哀顺便吧! "

　　望望被安葬在一片幽静的小树林里。尽管几年过去了,我仍然常常不由自己地走到它的"墓"前,悄悄地对它说:"望望,阿姨看你来了,你在那边还好吗……"

　　我相信,那么虎虎有生气的望望,在另一个世界一定已托生成一只"帅哥",正享受着我们人类无法享受到的幸福和快乐!

新疆虎:你在哪儿?

2007 年 10 月 12 日,陕西林业厅公布了一位猎人用数码相机和胶片相机拍摄的华南虎照片。随后,照片真实性受到来自部分网友、华南虎专家和中科院专家等方面的质疑,并引发全国性关注。这有点像 5 年前发生在新疆的"寻找新疆虎"行动。我至今都不明白,一个非常好的创意为什么会被叫停?会被某些人当成笑柄?百万悬赏"新疆虎"有什么不对吗?哪怕"新疆虎"真的已经灭绝,但是谁也无法否认新疆这一片广袤的大地上曾经的确奔跑过虎的雄姿啊!其实,我觉得应该叫它"西北虎"更为确切,与"东北虎"遥相呼应。那么,历史上究竟有没有"新疆虎"呢?

据相关资料介绍,新疆虎是我国虎种的五个亚种之一。最初是从博斯腾湖附近获得它的标本,于 1916 年正式定名。新疆虎主要分布在新疆中部,在塔里木河与玛纳斯河流域,和沿孔雀河至罗布泊一带。使人疑惑的是,迄今谁也没有真正见过或捕捉到它,也很少有它活动的消息。传闻 20 世纪 50 年代曾有牧民在塔里木河下游的阿尔干附近见到过虎,但因是传闻,其真伪无从证实。

新疆虎的个头仅次于西伯利亚虎,体长一般在 1.6~2.5 米,尾长约 0.8 米,重约 200~250 千克。1900 年 3 月 28 日,瑞典博物学家斯文·赫定在我国西北新疆境内首先发现了消失了几个世纪的楼兰古迹,同时还发现了新疆虎。他的这一发现说明原来这里水草丰茂,森林茂密,因为有虎的地方必定有大片的森林,有大量的食草动物和充足的水源。当时的新疆虎就是在这样良好的自然环境中无忧无虑地生活着。与古楼兰一样,新疆虎同时也遇到了空前的劫难,失去了森林,就等于失去了食物来源,失去了美丽的家园。大批新疆虎死去了,但仍有一小部分凭借着顽强的生命力在沙漠中仅有的绿洲里顽强地生活。由于这一地区环境又进一步恶化,加之一些利欲熏心的人对新疆虎的猎杀,所剩无几的新疆虎最终也没有逃脱厄运。人类最后一次发现新疆虎是在 1916 年,在这以后的数十年间,科学工作者曾多次寻找过它们的踪迹,但始终再也没发现过。可以说新疆虎主要是在人类破坏自然环境之后结束它们最终的生命历程的。因此目前公认新疆虎灭绝于 1916 年。

新疆确实有新疆虎

2002 年 1 月 7 日,新疆探险旅游公司发布了一条声明,悬赏 100 万元人民币,寻找新疆虎。悬赏内容如下:

如有人找到新疆虎,请速与新疆探险旅游公司联系,经权威部门确定是新疆虎,本公司相关人员见到老虎后,愿向发现者支付人民币100万元作为奖励,本次悬赏截止日期为2002年12月31日。

消息一经传开,立即在疆内外引起轰动,人们纷纷询问:新疆真有"新疆虎"吗?新疆探险旅游公司为何出巨资悬赏新疆虎呢?其用意何在?是不是炒作?是不是商业策划?如果真有人找到了新疆虎,悬赏者能否真的兑现?带着诸多疑虑,笔者对这一百万巨奖悬赏新疆虎的"策划"及其有关新疆虎的情况,进行了采访。

俗话说:"东北虎,西北狼"。西北在人们的印象中,似乎只有遍野游走的狼,并没有什么令人望而生畏的老虎。即使现存的东北虎和华南虎,自由生活在山野的也是"多乎哉,不多了",那么,新疆真有"新疆虎"么?

据有关专家介绍:新疆历史上果真有新疆虎。新疆虎是世界上惟一生存于荒漠地区的虎种,它体形较小,仅重100多千克,毛色浅淡,条纹细疏,与孟加拉虎接近。新疆虎主要分布在天山、阿尔金山一带和塔里木河流域。它的生活习性通常是单独活动,白天潜伏在密林草地休息;夜间,出来捕食。新疆虎的食物以野猪、黄羊(鹅喉羚)和野驴等为主。新疆虎不会爬树,但善于游泳,能口衔野猪过河,如履平地,活动自如。每年1~3月份,是新疆虎发情交配的季节。这时,它们才成双配对,雄性母性一起生活。母虎每年生1胎(或者1~2年1胎),孕期在98~110天,每胎产仔2~4只,春夏之交生产,双亲共同哺育幼虎。七八个月后,幼虎即可随母虎捕食。新疆虎的寿命一般在20~30年。

在辽远而广袤的西北荒漠和气候严峻的天山、阿尔金山,新疆虎无疑是"百兽之王"了,现如今号称"阿山之王"的野牦牛和黑熊,恐怕谁也不是它的对手。

俄国探险家普热瓦尔斯基也许是第一个向外界公开报道新疆虎的人。1876年深秋,普热瓦尔斯基第一次来中国新疆探险,在塔里木盆地一个叫阿克塔玛的小村庄住了8天。在这8天中,他不但参加了当地罗布人捕猎老虎的行动,还亲眼目睹受伤的老虎一瘸一拐遁入密林深处的情景。

关于罗布人捕猎老虎的情景,一位罗布老人曾于1980年就给人讲述过。这位老人名叫塔依尔,活到100多岁,年轻时靠渔猎为生,曾经亲手捕杀过一对新疆虎母子。几十年过去了,他说起当年捕猎那对老虎母子的情景时,仍津津乐道,两眼炯炯发光,老人介绍罗布人捕猎老虎的方法是:在老虎出没的丛林虎道上,埋设带齿的夹具,老虎被夹住后,拼命挣扎,没有锐利武器的猎手则藏在远处,悄悄盯着。如果老虎挣脱链子,他们就远远跟踪。老虎脚爪带夹,极难捕到食物,只能喝点水充饥。等上三五天后,老虎饿得气息奄奄,失去了反抗能力,猎人这才冲上去杀死它,剥皮取肉,但对于虎骨则不知其珍贵,都当废物扔掉了。

1887年,普热瓦尔斯基再次来到新疆塔里木盆地探险考察,他在日记中留下了这么一句话:"塔里木河的老虎,就像伏尔加河的狼一样多。"由此可以想象,当时

的新疆虎是多么地虎丁兴旺、出没无常啊!

清代有一位名叫肖雄的文人,在他的《西疆杂述诗》中吟道:"密林遮苇虎狼稠,幽径寻芝麝鹿游。"并这样形象生动地描述了新疆虎:"虎之身躯,较南中所见微小,而凶猛亦杀,不乱伤人。"

现存于新疆维吾尔自治区档案馆的一份清朝档案文书中,也有对新疆虎的明确记录。这份文书是清光绪二十六年(公元 1900 年)七月九日,由新疆镇迪道尹(即迪化、吐鲁番一带最高行政长官)李滋森为向朝廷进奉贡物,给吐鲁番厅的札文(当时上级对下级的一种公文),其上列举着新疆给皇太后(慈禧)、皇上的贡物各九色:

  天山鹿茸　五架
  葱岭虎皮　五张
  　　……

(葱岭:即现在的帕米尔高原一带)

由此可见,当时的新疆虎活动分布范围更广泛,数量也不少。

瑞典探险家斯文·赫定,上世纪初曾数次来到中国,深入西北尤其是新疆的罗布泊一带探险考察,他不但首次发现了古楼兰遗址,还发现了野骆驼和新疆虎。

在《亚洲腹地旅行记》一书中,斯文·赫定详细地记述了在中国新疆罗布泊探险考察的情景:那里面布满了湖泊和沼泽,河流两岸是茂密的芦苇和郁郁葱葱的胡杨林、红柳林,罗布人将巨大的胡杨树掏空,做成独木舟在河流和湖泊上漂泊渔猎。新疆虎出没在胡杨林和芦苇丛中,捕捉塔里木马鹿和野猪。野猪很多,新疆虎采用潜伏或者追捕的方法,很容易捕获。新疆虎有时也跑到阿尔金山北坡和天山南坡的山谷,在树林苇丛中活动。罗布人除捕鱼和捕猎水禽外,老虎也是他们的猎捕对象。在这本书中还配有插图,画面上是一只纹理清晰、体形矫健的新疆虎,正潜伏在茂密的芦苇丛中,伺机捕食猎物。这是斯文·赫定 1900 年 3 月,在罗布泊孔雀河流域考察时撰写的文字,1916 年出版发行。因此,后来有关专家认定,这是关于新疆虎有文字记载的最后一年。

尽管 1972 年 2 月,在印度新德里召开的国际老虎保护会议上,正式宣布新疆虎已经于 1916 年灭绝,但是,新疆虎是不是真的已经从这个炎凉不均、生态环境日益恶化的地球上消失了?至今这仍是个谜。不过,民间一直没有中断过关于新疆虎的传说。

1951 年,在天山南麓的阿克苏胡杨林垦区,一队军垦战士开荒时就看到过老虎。当时,尚未完全开垦的那片荒地上,胡杨参天,红柳覆地,苇茂林密,水草丰美,野猪、黄羊等野生动物成群结队,老虎虽然偶尔跳出来一两只,又很快被人吓得逃之夭夭,但确实出现过老虎。

1953 年,位于西天山下的伊犁尼勒克县有几个哈萨克牧民,曾捕杀了一只老虎,据说虎皮至今犹在。那时,不但没有什么《野生动物保护法》,而且打死老虎还被誉为"英雄"呢!

1957年,在塔里木河下游的铁干里克,有人也看到了老虎。当时,一只金黄斑斓的小老虎,正叼着一头肥壮的野猪,浮游在塔里木河上,转眼间就游到了对岸,还回头看了看远远望着它的人们,然后,从容不迫地遁入密密的胡杨林。

1959年5月9日,玛纳斯县政府大门口曾经贴过一张告示,称在芦苇丛中发现了老虎,请大家注意,不要被老虎伤害,一时令人谈虎色变,许多老年人至今仍记忆犹新。

而一位老人的讲述,恰恰又印证了那张县政府的告示。同年夏天的一个上午,一群农场职工在玛纳斯湖割芦苇,猝不及防从苇荡中蹿出两只斑斓老虎,一大一小,显然是母子俩,向另一片芦苇荡中跑去,吓得割苇草的男男女女,惊叫着四处逃散。由此可见,新疆虎不仅生活在天山南北和塔里木河下游人迹罕至处,也曾经活跃在准噶尔盆地人烟稠密的地方。

1962年秋的一个黄昏,新疆地质队一位年轻的工程师和他的队友,俩人正走过阿尔金山一条人迹罕至的山沟,突然发现不远处有一只色彩斑斓的老虎。他们光听人讲过,却从来没有见过老虎,一见老虎当即惊恐万状地躲在一块岩石后,悄悄观看:那只和传说中一模一样的老虎,正趴在地上,津津有味地吃一只藏野驴哩!平时,他们最喜欢打猎,经常打野猪、黄羊、野驴甚至野骆驼和凶猛的野牦牛"改善生活",但那天那只新疆虎活生生地出现在眼前,却令他们心存敬畏,生怕弄不好误入虎口,竟然放弃了杀生,连忙逃离。

1965年6月的一天,奇台县某农场几名农工,去阿勒泰拉运木材,当车沿着茫茫戈壁行驶到一个叫野马潜的地方时,突然,前方出现了两只老虎。这两只老虎看上去比平时在动物园看到的要小一些,毛色也比较浅淡。几个人从未在野外见过老虎,当时都惊得出了一身冷汗!好在他们都坐在汽车上,于是壮着胆儿加大油门,径直向老虎冲过去!老虎见一辆庞然大物发疯似地冲向它们,也大吃一惊,撒腿就向戈壁滩狂奔,转眼间无影无踪了。

1976年,在距赛里木湖不远的精河县一个叫沙山子的地方,就有人在叫卖老虎皮,说是新疆虎的虎皮。虎皮黄黑相间,头上还有个大的"王"字。

1983年,地处阿尔泰山下的和布克赛尔县一户蒙古族牧民,不但捕杀了一只老虎,而且吃了虎肉,至今还保存着虎皮。

1988年,伊犁地区传说有只老虎,经常下山骚扰村民,被人用火药枪打死,虎骨和虎皮也被那家人保存着。

1998年冬天,家住乌鲁木齐的郭先生去伊犁游玩,当地的朋友慷慨地向他赠送了三张野生动物皮,其中有一张据说是老虎皮。据他们讲,不久前有几个牧民上山,打死了一只老虎,这只老虎长得非常威武,身长1米多,站起来有半米高,全身呈黄黑两色,而且额头上有一个很明显的"王"字,牧民们习惯叫它"小老虎"。"小老虎"非常厉害、凶猛,常在夜间活动,只要追上别的动物,跄踉跳起,一口就咬住其喉管,致其毙命。那次活该那只老虎倒霉,几个牧民躲在一块岩石旁,趁其不备,竟然用木棍将它打死了。"小老虎"死后,牧民们原打算用马将它的尸体驮回,但是马一看到它的尸体,竟惊恐万状,咴咴嘶叫着远远跳开,不敢靠近。

郭先生收藏的这三张野生动物皮,由于保存不善,皮毛损毁太大,究竟是不是老虎的,一时难以分辨。但据有关人士初步查验,它既非野猫的,也不是雪豹的,完好无损的爪子表明,肯定是猫科动物。

1999年10月的一个深夜,叶尔羌河畔某农场,一户居民家的羊圈里闯进了一只老虎,毫不留情地消灭了两只羊。户主一怒之下,用火枪将老虎打死,据说,至今也仍然保存着那只老虎的虎皮。

2001年,准噶尔盆地边缘某农场,有几个人在一片梭梭林中,不意和两只老虎遭遇,相距还不到200米。甚至清晰地看到了老虎的毛色和体态。大家都害怕老虎,谁也没敢声张,而老虎也许更怕人,打了个转身匆匆离去了。

从上世纪50年代到本世纪初,像这样关于新疆虎的民间传说,一直没有断绝过,这就足以表明,有关新疆虎灭绝于1916年的说法是不成立的,新德里会议对新疆虎的结论值得怀疑。因此,现在有关专家也指出,在广阔而人迹罕至的南疆地区,很可能还存活着少量的新疆虎。也就是说,新疆虎并未灭绝!

一石激起千重浪

新年伊始,新疆探险旅游公司石破天惊地开出100万元的天价,悬赏寻找新疆虎,使新疆虎几乎一夜间成了新疆的热门话题,也自然地波及内地甚至海外,产生了广泛而强烈的轰动效应。一时间有人兴奋,有人激动,有人赞赏,有人置疑,有人猜忌,也有人不屑一顾,议论得沸沸扬扬,好不热闹。自从消息发布之日起,新疆探险旅游公司已接到上百个热线电话,关于新疆虎的消息和线索迭出不穷。当然,除了提供消息和线索、热切报名参加寻找新疆虎的行动者外,还有不少人对这次巨奖悬赏活动,坦言自己的个人观点和看法。

曾单骑摩托车分别穿越中国四大沙漠和两大"生命禁区",两创吉尼斯世界纪录的知名探险家崔迪,决定自己亲自带领一支探险队,于今年年初前往阿尔金山一带寻找新疆虎。消息一经传出,立即引起了方方面面的关注,连中央电视台都惊动了。

2002年1月14日上午,新疆探险旅游公司总经理蓝义国,接到中央电视台的电话,他们希望派记者参加崔迪的探险队,一起去阿尔金山寻找新疆虎,同时拍摄纪录片。新疆电视台、湖南卫视和四川卫视等媒体,也先后与新疆探险旅游公司联系,希望派记者参与寻虎活动。

人称"沙漠王"的地质工程师赵子允,大半生几乎跑遍了天山南北的高原、沙漠和湖泊,先后数次作为中外科考队向导参与寻找野骆驼、攀登公格尔峰和博格达峰、穿越塔克拉玛干和罗布泊的行动,对新疆的地理、地貌、地形和野生动物可谓是了如指掌。他一直坚信有新疆虎,就半开玩笑半认真地对崔迪说:"这100万我拿定了,我肯定能找到新疆虎,你干脆也别组织什么探险队了!"年愈六旬的赵子允正摩拳擦掌、雄心勃勃地准备去寻找新疆虎。

热心参与寻找新疆虎的人还真不少呢!曾经先后驾机成功穿越太湖桥和雪莲山西门,两创吉尼斯世界纪录的新疆航空运动协会副秘书长金亮先生,对这次寻虎行动颇感兴趣。他说1996年,他在南疆某农场飞机灭蝗作业时,就听当地人讲经常见到老虎的情景。因此,金亮先生认为,塔里木河流域有大片的胡杨林,有成群的野猪,适合新疆虎生存。他表示一旦有新疆虎的确切线索,自己将亲自驾机进行空中搜寻并拍照、摄像,航空运动协会还考虑出动热气球进行夜间无声搜寻。

一位名叫屈勇的中年汉子,专程找到新疆探险旅游公司兴奋地说,他上世纪70年代,曾在阿尔金山下的若羌县插过队,听到过不少关于老虎的传闻,他相信新疆有老虎。由于对当地地形非常熟悉,他希望有机会随探险队一起去寻找老虎。

一位姓杨的女士,从遥远的瑞典打电话给新疆旅游公司说,"我在互联网上得知新疆虎的消息后,非常激动!瑞典探险家斯文·赫定早在100年前就发现并记录了新疆虎,如果祖国同胞100年后,再次找到新疆虎的踪迹,证实新疆虎并未灭绝,这不仅是新疆人的骄傲,也是每一个中国人的骄傲。"杨女士是瑞典一个社团组织的负责人,她表示对寻找新疆虎这件事经过进一步了解后,将发动海外华人对这一壮举给予资助。

与此同时,北美一家旅行公司也发来消息,表示对寻找新疆虎颇感兴趣,可望与新疆探险旅游公司合作。悬赏100万元人民币寻找新疆虎的举动,也引起了有关专家的极大兴趣。

世界保护联盟物种管理委员会(IUCN/SSC)等专家组成员、中科院新疆生态与地理研究所研究员谷景和,对寻找新疆虎一直持乐观态度。他认为,近几年来各地不断传闻有新疆虎的踪迹出现,都证明了新疆虎可能存在,但需要进一步落实。在中亚国家的动物园里,现在尚有几十只健在的新疆虎,适当的条件下,可以像对野马一样引进,人工繁育,到一定数量再实施放养,以恢复其种群数量。从目前的情况看,无论能否找到新疆虎,对于新疆虎的研究来说都有重要的意义,因为此前我们从来没有专门调查过新疆虎。

1993年,谷景和先生赴哈萨克斯坦访问时,第一次见到了新疆虎的标本,据介绍其中一只幼虎是1948年在中国伊犁霍尔果斯捕猎的。他喜出望外,又悲从心起,还专门跟一张新疆虎皮合影,作为纪念。

中科院新疆生态与地理研究所研究员马鸣却对寻找新疆虎并不赞同，他认为新疆虎已经绝迹多年，要找到活虎几乎是不可能的。维持一个物种的存在，必须有一定的种群数量，因此，现在即便发现一只或几只新疆虎，也没有多大的实际意义。老虎是食肉动物，处于食物链顶端，它的生存领地一般需要上百平方千米，才能"占山为王"。但是，现在我们已经无法为它提供这么广阔的生存空间，自然也不可能采取像野马那样进行野放以恢复其种群的措施。

另一位专家胡文康干脆对巨奖悬赏寻找新疆虎的做法表示"很气愤"。他说，现在新疆生态环境面临的问题和困难很多，需要我们脚踏实地的去解决，商家这种炒作行为，对新疆的生态环境建设毫无实际意义，只不过满足他们的商业利益而已！

百万巨奖悬赏新疆虎的举动，也引起了老百姓的众说纷纭。许多人认为，新疆探险旅游公司的这一策划，不管是不是一种炒作，毕竟对挽救濒危物种，增强人们的环保意识，提高新疆的知名度，都有好处。当然，也有不少人认为，这纯粹是一种商业行为，不但无益，反而有害于自然环境和野生动物的保护。有人甚至尖刻地说，别说悬赏 100 万，就是 1000 万、1 个亿，没有老虎也还是没有老虎，巨额奖金不过是画饼充饥而已。

百万悬赏意欲何为？

时任新疆探险旅游公司总经理的蓝义国，对本公司的这一创意非常自信，他说："新疆有很多神秘未知的地域和物种，仍未被认识和发现，我们希望揭开新疆虎之谜，目的在于扩大新疆旅游业的影响，扩大新疆在国内外的知名度。我们这样做，从某种意义上讲，不仅仅是为了公司本身，而是在做一项公益事业，不是在炒作，而是在寻找一个契机，毕竟不是哪一个企业都敢拿 100 万元出来'开玩笑'的。"

蓝义国说："我估计这 100 万元人民币被人领走的可能性起码有六成，因为种种迹象表明，新疆虎并未灭绝。至于能不能兑现，首先，我们公司现有固定资产 330 万元，完全有能力支付这笔'赏金'。届时，即便砸锅卖铁，我们也要兑现承诺。其次，公司将与"应征者"签订《找虎协议》，也就是签合同，并经公证部门公证。只要找到新疆虎的踪迹，并提供具体方位、照片或摄像资料，公司立即组织有关专家组织的队伍去寻找，一旦找到就支付奖金。公司如不向成功者支付'赏金'，可以通过法律途径解决。也就是说，你可以告我。但是，令我担忧的是，本来悬赏寻找新疆虎是出于公益目的，可是，如果有人纯粹为了领赏，伤害或者猎杀老虎，就有违我们的初衷了。因此，对于伤害新疆虎的人，公司拒付奖金。我还是衷心期待有人能拿走这 100 万元奖金，一年内如果有谁发现有关新疆虎的重要线索，我们将全力帮助并根据实际情况延长寻找时间。"

蓝义国还告诉记者，就在百万巨奖悬赏寻找新疆虎的消息发布的第三天晚上，他连续三次从梦中被老虎惊醒。他梦见自己正走在空无一人的旷野中，突然从草丛中冒出一只杀气腾腾的虎头来，两只眼睛放射着阴森森的电光，令他不寒而栗！他不明白是新疆虎对他的感激呢？还是仇视？

不过，当最初的热潮消退之后，紧接着一些冷眼冷语和猜忌、批评迎面而来，还出现了始料不及的"后院起火"事件，使蓝义国对此非常伤感，他说："我们企业率先寻找新疆虎，明明是件好事，反而被一些人认为是唱高调、吹牛皮，怎能不令人痛心呢？"

当时任新疆探险旅游公司副总经理的崔迪，其实是这次活动的创意和策划者。他说，"早在1998年夏天，我去北京见到中国社会科学院研究员杨镰老师，和他谈举办斯文·赫定探险100周年纪念活动事宜，他首次向我提起关于新疆虎的话题。在此之前，尽管我生在新疆，长在新疆，但对新疆虎闻所未闻，自然一无所知。杨镰老师是研究西域历史和文化的专家，他一提新疆虎，也激发了我的兴趣和热情，因此，几年来新疆虎一直浮现在我的脑海中。可惜，当时我想做点什么，但心有余而力不足。去年年底，我加盟新疆探险旅游公司，觉得公司有实力做这件事，就大胆地提出来了，并得到了蓝总和同事的赞赏和大力支持。我就是希望通过这次活动，唤醒全社会都来关注生态环境的意识，保护野生动物而最终找到新疆虎。既然寻找新疆虎是我们的一个策划，就不仅仅是一件事，而是系列活动，其意义绝对要超出新疆虎本身，这恐怕是一些人没有料到的，因此才产生了一些误解。再说，寻找新疆虎并非随便什么人都能承当，寻找者不但要有丰富的地理知识、生物知识和熟悉新疆虎的生活习性、规律，还应具备很强的野外探险能力、自救能力和生存能力，准备不足者切勿草率行事。如果新疆虎真的存在，那么最先发现它的极有可能是生活在当地的牧民，而不是专业人士和学者。新疆探险旅游公司还邀请有关专家，论证了寻找新疆虎的可行性及具体方案。"

出乎新疆探险旅游公司意料之外的是，远在南疆库尔勒的罗布泊探险旅行社已经抢先组建好了一支探险队，宣布于2002年1月中旬或下旬出发，将用一周左右的时间，去塔里木河下游一带寻找新疆虎。这支探险队的组织者是知名探险家吴仕广。吴仕广多年来数次穿越罗布泊和塔克拉玛干沙漠，曾经做过著名旅行家余纯顺的向导，他说："我有发现大型猫科动物的足迹的经历，所以敢去寻找新疆虎。"2002年11月12日，吴仕广在罗布泊寻找小河遗址时，就曾发现了虎迹。那天，他一个人悄悄离队，沿着虎迹走了两个多小时，走过沙地，走过河床，走过一大片雅丹地貌，才发现那虎迹最后消失在一片有水的芦苇丛中。因为天色太晚，他没有继续追踪下去。当晚回到营地，同行的楼兰协会秘书长何德修问他："你发现了什么？"俩人同时在沙地上写下了同一个字："虎"！而且，那行虎迹很新鲜，像是当天早晨才踏过的。究竟谁能率先找到极具传奇色彩的新疆虎，谁又有幸拿到这笔百万巨奖呢？

此后不久，这一很有意义的创意遭到质疑和非议，寻找新疆虎的活动也随即叫

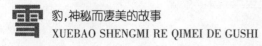

停和中止，真是令人遗憾。虽然事过境迁，但是如果灭绝的新疆虎地下有知，一定会含笑九泉的，因为人类还没有彻底遗忘它们。如果世间真的还有幸存的新疆虎，那么它们也一定会对策划和寻找它们的人类心怀感激的……现在我最想面对莽莽天山浩浩大漠大声发问的并非"百万悬赏"的是非虚实，而是……

新疆虎，你在哪儿？你真的灭绝了吗？

蝴蝶梦,缤纷在青春绿野上

蝴蝶:鳞翅目锤角亚目昆虫,俗名蝴蝶。蝴蝶触角端部加粗,翅宽大,停歇时翅竖立于蝴蝶背上。蝶类触角为棒形,触角端部各节粗壮,成棒锤状。体和翅有扁平的鳞状毛。腹部瘦长。蝶类白天活动。在鳞翅目158科中,蝶类有18科。蝶类成虫取食花粉、花蜜;有的幼虫为植食性,为害林木与庄稼。有的幼虫吃蚜虫,是益虫。蝶类翅色绚丽多彩,人们往往作为观赏昆虫。

蝴蝶的数量以南美洲亚马逊河流域出产最多,其次是东南亚一带。世界上最美丽、最有观赏价值的蝴蝶,也多出产于南美巴西、秘鲁等国。而受到国际保护的种类,多分布在东南亚,如印度尼西亚、巴布亚新几内亚等国。在同一地区、不同海拔高度形成了不同温湿度环境和不同的植物群落,也相应形成很多不同的蝴蝶种群。全球有记录的蝴蝶总数有17000种,中国约占1300种。中国蝴蝶种类丰富,尤其是在亚热带地区,常见的科有:

凤蝶科:本科多为大型蝶类,色彩艳丽,后翅一般有尾带,更增娉妍。多产于热带、亚热带地区。有时成害,如黄凤蝶、玉带凤蝶等。

粉蝶科:本科蝴蝶多中等体型,一般为白、黄、橙等色。白粉蝶和 Pieris napi 均为害十字花科蔬菜,树粉蝶为害果树。

蛱蝶科:本科蝴蝶已知5000种以上,是蝶类中为数最多的一科。前足退化,无爪,翅叠于背上,易于识别。稻眼蝶幼虫为害稻和竹,前翅有两眼纹,如日月,故又名日月蝶。

灰蝶科:本科为小型蝶类。翅色有蓝、绿、青铜等色,带金属光泽。幼虫大都植食性,少数能捕食蚧或蚜。

绢蝶科:本科蝴蝶翅薄半透明,无尾,一般白色或带有花纹,极为娟丽,为山栖性,多在寒冷地区。

环蝶科: 本科蝴蝶为大型或中型种类,翅展最小在50毫米以上最大达到200毫米,触角短细,端部膨大不显著。须侧扁眼有毛。前足退化。色暗多呈黄色,灰色,棕色,暗褐色,也有少数暗紫色。翅膀上有大型斑点。

闪蝶科:本科蝴蝶为大型华丽的种类,翅膀宽大,翅展75~200毫米。触角细而短,腹部很短,翅膀多蓝色,有金属光泽,也有黄褐色或灰白色,有条纹及成列的眼斑,眼睛裸出,无毛。后翅中室开式,雄种前足符节有长毛,白天活动飞翔敏捷,该科全世界有记载的约80种,主要分布在南美洲,少数分布于墨西哥及北美洲南部。本

科以其大形及闪光的色彩,为收藏家所喜爱,视为精品。

斑蝶科:本科蝴蝶为中型或大型的种类,体多黑色,头部和腹部有白色的小点,翅膀多色彩艳丽,有群栖习性。

蝴蝶,被誉为花的灵魂,大自然的舞蹈家,它的生命短暂而美丽。中国唐朝诗人李商隐《锦瑟》中有"庄生晓梦迷蝴蝶"的佳句,表达了对彩蝶的依恋。如今,国际上一种新兴的旅游项目——活蝴蝶园的兴起,也是为了留住这份美丽。本文主人公纪洪川20多年来,虽九死一生却矢志不移地偏爱彩蝶,始终沉醉在五彩缤纷的世界里,编织着自己美丽的蝴蝶梦……

"好色"成性的男孩

纪洪川生长在天山南麓一个叫"幸福滩"的地方,那儿气候温暖,水草丰美,有一望无际的田园和草场,更有千姿百态的彩蝶,翩翩跹跹,从春飞到冬。记得还是稚气未脱时,纪洪川就露出了"好色"的天性。蝴蝶那色彩艳丽的翅膀和优美奇妙的舞姿,惹得小洪川眼花缭乱,心醉神迷。

每当放学后,小洪川就四处追逐,在草丛、花甸、树木和庄稼地,张着小手找呀捕呀,逮上一大堆各色各样的蝴蝶,回家后摆在小桌上,一个人着了魔似地琢磨、研究,然后将它们一一抚平,夹进书本或压在玻璃板下,自个儿欣赏。

一个男孩子,偏爱捉弄蝴蝶这么浮浪的玩艺儿,长大了会有什么出息?望子成龙的父亲又是急,又是气,又是骂,又是打,却仍然阻止不了小洪川的"色眼"。于是,他们一次又一次将儿子收藏的宝贝扔出去喂鸡,小洪川为此不知哭过多少回。但是他仍不改初衷,开始跟父母"捉迷藏",将蝴蝶藏到床底下,或者直接做成漂亮的"标本",送给要好的小伙伴。

捕蝶不再是玩儿

高中毕业后,纪洪川随父亲承包的基建工程队来到了美丽的巴音布鲁克草原,那是在1988年夏天,纪洪川刚满18岁。

巴音布鲁克草原位于天山深处,海拔3000米左右,空气稀薄而透明,蓝天高远,日光强烈。纪洪川尽管被泥瓦活儿累得又黑又瘦,脸上和胳膊一层层地脱皮,但他每天清早、傍晚甚至中午,都要一个人偷偷跑到山坡草地上去寻找和捕捉蝴蝶。

草原真美,简直就像一幅意境深远令人痴迷的油画。置身于画中,纪洪川却认为最美的还是五彩缤纷的鲜花和在花丛中成群结队飞舞、嬉戏的蝴蝶。蝴蝶就是会飞的花朵啊!纪洪川觉得自己来到了蝴蝶的王国,生命的火焰一下子就蓬蓬勃勃地燃烧起来了。

其实,这时候的纪洪川已经不纯粹是出于好奇和玩儿了,他开始有意识地寻觅和捕捉不同的蝴蝶,并且精心地制作标本。刚开始制作标本,纪洪川也是凭自己的感觉摸索,因陋就简,用四块小小的玻璃片做,似乎有点无师自通的意味。后来,他千方百计找了些有关蝴蝶的书看,不断地积累经验,汲取知识。

蝶为媒,有个姑娘爱上他

1990 年冬天,纪洪川背着他的一纸箱蝴蝶标本和满脑子梦想,离开美丽的家乡"幸福滩",来到乌鲁木齐市学习俄语。当时,西部国门大开,中国与独联体各国的商贸旅游正处于热潮,学俄语做导游成了一种时尚。纪洪川千里迢迢来乌鲁木齐,并不是赶什么时髦,而是为了有机会当导游走南闯北,甚至出国,实现他野心勃勃的蝴蝶梦。

纪洪川留着光头,不修边幅,一副十足的"赖相"。每次上课,他都晃着那颗极不安分的脑袋,挡住后排一位漂亮女同学的视线,恨得她咬牙切齿,直在心里诅咒:"赖瓜子!"

这位漂亮的女同学名叫李璇,是生长在乌鲁木齐的城市姑娘。她本来很讨厌这个光头"赖瓜子",但是有一次,她偶然发现这小伙子原来是个"蝴蝶迷",不由得对他渐渐产生了好奇,因为她自小也迷恋蝴蝶这美丽的灵物。

李璇鼓足勇气,将自己在故乡陕西咸阳捕捉到的一枚"梁山伯与祝英台"悄悄拿给纪洪川,问:"你能不能帮我把它重新整整?"

"行!"纪洪川二话没说,就答应了。他晚上回到宿舍,趁没人打扰费了好大工夫,才将那只"梁山伯与祝英台"修复。怕被别人一不小心弄坏了,他特意将标本压在床铺下的纸箱上藏好。谁料,一位同学回来扫地,扫完后将破笤帚往床下随手一扔,不偏不倚正砸在标本上。纪洪川大叫一声"完了",忙猫腰找出来一瞧,"梁山伯与祝英台"果然已经粉身碎骨!

"不就一只死蝴蝶嘛!"面对痛心疾首的纪洪川,那个同学却满不在乎。李璇当然不像那个同学,她面对手捧一堆残骸的纪洪川,带着哭腔,跺脚大喊:"你赔!你赔!"

"赔!我一定赔!从我的收藏中加倍赔你,行吧?"纪洪川小心翼翼地说。

后来的发展,却成了一个风花雪月的故事。纪洪川非但没有加倍赔偿李璇,李璇却带着自己多年收藏的几十种美丽的蝴蝶标本,作为"嫁妆",嫁给了来自南疆的穷小子纪洪川。

1998 年夏秋之交,纪洪川与李璇双双到内地旅行结婚,他们一路上都在寻觅蝴蝶的芳踪。在父亲的老家四川,纪洪川上青城、登峨眉捕捉蝴蝶,忙得不亦乐乎。

在母亲的老家湖南,九嶷山青竹林、风光迷人的瑶寨,各色各样的蝴蝶如山妹子般秀美可人,惹得纪洪川夫妇每天都钻在山林里,乐不思蜀。

无论在广西桂林,还是在云南西双版纳,他们游玩观光都在其次,寻访蝴蝶才是主要任务。纪洪川一路上下来硕果累累,却苦了李璇。新婚妻子跟他一路挤硬座,住简陋旅店,吃便宜饭,因为纪洪川将钱都花给了蝴蝶。

此时,纪洪川已经利用他精通俄语当导游的机会,在国内外遍访名山胜景和各地名蝶及蝶类专家,收藏和探索进入了丰产期。

为追蝶,差点儿丢了命

纪洪川曾多次孤身一人钻进天山深处的果子沟。"山里头有黑熊和野猪,要吃人哩!"别人劝阻他,他却笑着说:"咱瘦巴巴的皮包骨头,老虎见了都懒得理,别说黑熊和野猪了!"

那是前年8月上旬的一天,纪洪川带了几个干馕、一包咸菜、一瓶矿泉水和一个指南针,上午10点从果子沟进山。在崎岖险峻的天山,他寂寞地爬上爬下,边走边寻找,直到下午7点,还没有什么重大发现,他的两腿像灌了铅一般,都有点筋疲力尽了。忽然,他发现一只独特的蝴蝶,两眼紧盯着追了上去。当他屏气凝神举起网杆向前一扑时,不料脚下一滑,摔倒在地,"骨碌碌"滚了几米远,被一块巨石拦住了路。他爬起来探头一瞧,吓出了一身冷汗:妈呀!前面就是万丈深渊!他保住了性命,脸上却留下了几道伤痕。

2007年7月上旬的一天,纪洪川带上干粮和水、捕蝶网、照相机以及有关部门的介绍信,从乌鲁木齐坐长途汽车出发,先抵达油城独山子,与另一位同行者一起,从一个叫乔尔玛的地方进天山,开始了近两个月的考察、寻捕。

过去,纪洪川一直都是在孤军奋战,一个人进入野兽出没、险厄丛生的天山去。2007年他有了个伴,是克拉玛依的一位退休中学生物老师,姓张。张老师也从事蝴蝶收藏、研究几十年,尽管已经62岁了,仍经常不畏艰险,"上山下乡"。

那天,在距离新源县城不远的一道山沟里,纪洪川捕到了一只"欧洲杏凤蝶"。这是新疆两种稀有凤蝶中的一种(另一种就是金凤蝶),分布有局限,仅在有野果林的地方,因为它的幼虫以野果树叶为生,而成虫则汲食花蜜。

7月17日,在天山西端的半山腰,纪洪川捕到了一种个体很小的蝶。它身长1.5厘米,展翅两厘米宽,其翅膀细长全红,末梢半透明,口器和触角均符合蝶的特征,但飞行姿势又类似甲虫。在《中国蝶类志》现有的12个科中,无法将其归于任何一科。那么,是新发现的一种蝶呢,还是它压根儿就不是蝶?探求的欲望令纪洪川兴奋不已。那次,他们在巩乃斯草原一带又捕捉到了类似的一种,所不同的是,这家伙的翅膀是黑底红斑。

在伊犁,纪洪川和张老师数次登上海拔三四千米以上的天山雪峰,一次面临悬崖绝壁,差点粉身碎骨;一次与野兽相遇,差点儿做了其美食;一次两人分别带着水和干粮,不慎走散,结果背干粮却没水的张老师提前下山,坐在山下等候了一天。而既没有干粮又摔破了水壶的纪洪川,整整一天没吃没喝,好不容易才下了山。两人重逢,如劫后余生,紧紧拥抱,百感交集。然而,还有什么能比发现、捕捉到一只蝴蝶更令他们欣慰和兴奋的呢?

"我不是蝴蝶杀手"

纪洪川是个捕蝶能手,但是,如果认为纪洪川是个"蝴蝶杀手",那就大错特错了。纪洪川捕蝶 20 多年,逐步积累的知识和经验使他更深入了解了蝴蝶——它什么时候对自然界有害(比如幼虫期吸食叶浆果),什么时候对人类有益(比如羽化后可以传授花粉),以及他们的繁殖季和生命周期。

"五六月份是蝴蝶的繁殖期。如果这时捕蝶,无论对蝴蝶还是自然界,都是一种犯罪!"纪洪川说,"因为这时大量捕蝶,就有可能导致某些品种的灭绝。"

纪洪川每年捕蝶,都选在了 7 月份之后,这时的蝴蝶几乎都产过卵,接近完成了它的生命周期。此时捕捉蝴蝶,是将其无与伦比的美丽留给人间,因为它的寿命很短促,多则一个半月,少则十天八天。一旦等它寿终正寝,就只能成为蚂蚁和蜘蛛的美食。

对纪洪川心灵震撼最大的一次,是他捕到一只交过尾的雌蝶。待他从纸包里取出那只蝶时,才发现它在临死之前已经将卵排出来了。蝴蝶在它生命的最后一刻,挣扎着产下后代,真是一种无与伦比的母性精神!纪洪川感到愧对那只蝶妈妈,便将蝶宝宝们悉心收好,由自己哺养。

纪洪川将我国著名蝶学专家周尧先生主编的《中国蝶类志》悉心研读了不知多少遍,他说:"能为蝶类志多增添一种新蝶,那该是怎样的成就和光荣啊!但实际上,我国现在的 1300 多种蝶,正在一年年减少,这又多么令人痛心啊!环境污染、生态破坏严重影响了蝴蝶的生息繁衍,还有人为了发财滥捕和倒卖,这尤其令人痛恨!"

为了蝴蝶,纪洪川勒紧裤腰带,结婚至今还买不起一台彩电。去年夏天,他却将自己历尽千辛万苦收集珍藏的 400 多种蝴蝶标本(其中不少属单枚珍稀品种)共 1500 枚,无偿捐赠给了乌鲁木齐动物园。据有关行内人士估算,其价值起码在 10 万元左右。乌鲁木齐动物园用纪洪川的捐赠,建成了新疆首家"蝴蝶馆"。

然而,对夫妻俩都暂时失业在家的纪洪川来说,他还要不断地出外考察,是多么地需要钱哪!但他宁肯分文不取地捐赠出去,让大家看。

"大自然创造了这么美丽的灵物,本来就是让大家欣赏的,我怎么能据为己有呢?"纪洪川说。

　　20多年的岁月,纪洪川没有虚度。他收藏的700多种蝴蝶就是见证,尽管他没有系统地学习过生物,不是科班出身,至今仍无那种长篇大论的成果问世,但从一个懵懂少年成长为具有相当蝶类知识的青年爱好者,不怕吃苦受累,超脱于物欲之外,其精神实属难得!但愿纪洪川的"蝴蝶梦"和他的青春一样更绚丽多彩!

美丽的天鹅和变幻莫测的天鹅湖

天鹅是雁形目鸭科雁亚科中最大的水禽,有七八种。5 种生活于北半球,均为白色,脚黑色。疣鼻天鹅有橙色的喙,喙基有黑色疣状突,颈弯曲,翅向上隆起;喇叭天鹅鸣声低沉,传得很远,喙全黑色;高声天鹅叫声喧闹,喙黑色,喙基黄色;比伊克氏天鹅与之相似,体型较小,比较安静;哨天鹅发声如哨,喙黑色,眼周有小黄斑。疣鼻天鹅体重可达 23 千克,是最重的能飞的鸟类。南半球有黑天鹅和黑颈天鹅。

天鹅体形优美,具有长颈,体坚实,脚大,在水中滑行时神态庄重,飞翔时长颈前伸,徐缓地扇动双翅。越冬迁飞时在高空组成斜线或"人"字形队列前进。天鹅以头钻入(不是全身潜入)浅水中觅食水生植物。游泳或站立时,疣鼻天鹅和黑天鹅往往把一只脚放在背后。天鹅雌雄两性相似。它们能从气管发出不同的声音。除繁殖期外,天鹅成群地生活。雌雄结成终生配偶。求偶行为包括以喙相碰或以头相靠。由雌天鹅孵卵,雄天鹅在附近警戒;有的种类雄性亦替换孵卵。幼雏颈短,绒毛稠密;出壳几小时后即能跑和游泳,但双亲仍精心照料数月;有的种类的幼雏可伏在父母亲的背上。未成年天鹅的羽毛为灰色或褐色,有杂纹,直至满两岁以上。第三年或第四年才达性成熟。自然界中,天鹅能活 20 年,人工豢养可活 50 年以上。因为天鹅身体很重,所以起飞时它们要在水面或地面向前冲跑一段距离。天鹅夫妇终生厮守,对后代也十分负责。为了保卫自己的巢、卵和幼雏,敢与狐狸等动物殊死搏斗。天鹅又分为大天鹅、疣鼻天鹅、黑天鹅和黑沼天鹅。

天鹅属于国家二级保护动物,我国目前有以下几个最负盛名的"天鹅湖"——

新疆天鹅湖

位于巴音布鲁克草原珠勒图斯山间盆地,海拔 2000~2500 米,是一个东西长 30 千米,南北宽 10 千米的高原湖泊,面积 300 多平方千米。1986 年被批准为国家级天鹅自然保护区。连绵的雪岭,耸入云霄的冰峰,构成了天鹅湖的天然屏障。泉水、溪流和天山雪水汇入到湖中,水丰草茂,食料丰足,气候凉爽而湿润,适合天鹅生长。每当春天来到,冰雪消融,万物复苏,大批天鹅从印度和非洲南部成群结队地飞越崇山峻岭,来到天鹅湖栖息繁衍。在和煦的阳光下,湖水、天光、云影、天鹅,构成一幅"片水无痕浸碧天,山容水态自成图"的画卷。当地蒙古族牧民把天鹅视为"贞洁之鸟"、"美丽的天使"、"吉祥的象征"。天鹅湖鸟类资源十分丰富,水禽种类多,数量大。据考察,有大天鹅、小天鹅、疣鼻天鹅一万余只,还有灰雁、斑头雁、白头

鹬、燕鸥、雕、秃鹫等 10 余种珍稀鸟类,多属国家一、二级保护动物。保护站在天鹅湖畔的高处上,建有一座瞭望台,可供游者观看天鹅的生活习性。

黄河三角洲的天鹅湖

水域辽阔,景点繁多,环境优美,秀丽动人。作为黄河三角洲生态环境保护区内的主体部分,天鹅湖拥有丰富的渔业资源和鸟类资源。这里鸟类品种繁多,尤以国家二级保护动物天鹅著名。每年 11 月至次年 4 月,大批天鹅相约而至,景色美丽壮观,引来游客无数。天鹅湖是山东省著名的旅游风景区,被山东省旅游局列为黄金旅游景点,2000 年 7 月又被评为国家 AA 级旅游风景区。

荣成天鹅湖

民间传说荣成天鹅湖是秦始皇妻子的泪水汇集而成的,天鹅是秦妻灵魂的化身。在很久以前,秦始皇为寻长生不老药到东海三仙岛取药,于是调兵遣将填海造桥,并命令其妻听到锣声送饭。一日天未响,由于屎克螂乱飞撞响了锣,秦妻急忙把饭送到。秦始皇见妻子违令,大怒,将其处死。秦妻冤屈,泪流成河,汇集成"泪水湖"。人们怀恋、呼唤秦妻纯洁的灵魂回到人间,于是天上便飘下无数只天鹅。

荣成天鹅湖位于荣成市成山镇,东南两面濒临渤海,四季分明,年平均气温 11.8℃,属中纬度温带季风性海洋气候。湖内水质清洁明澈,沙滩纯净金黄,蓝天碧水金沙滩,景色秀丽,气候宜人。每年 11 月份至翌年 4 月份,万只大天鹅、几万只野鸭、大雁不远万里,从西伯利亚、内蒙古等地呼朋唤友,成群结队悄然降落,栖息越冬,形成世界上最大的天鹅湖,被国内外专家学者誉为"东方天鹅王国"。

然而,2004 年 11 月中旬,荣成"天鹅湖"4 只天鹅之死、大批天鹅被迫离开和义务护鹅人无端遭殴的新闻,像风一样刮遍大江南北,使所有热爱天鹅、关心天鹅的人们不寒而栗!

"如果连天鹅的固有家园都无法容纳天鹅取暖过冬,那么,这些善良而美丽的鸟儿还能去哪儿栖身呢?人祸猛于天灾啊!"在谈及这个问题时,马鸣不无担忧地感慨道。同年 9 月,马鸣和几位香港专家特意来到新疆天鹅湖,看到在这儿出生长大的数百只天鹅正准备起飞南迁,欣喜之际,又不得不对纯粹出于商业目的的随意开采和过度开发而忧心忡忡:我们如果不从长远着想,将旅游、开发和保护生态环境协调、统一起来,而只顾眼前利益"竭泽而渔",那么迟早总有一天有可能失去天鹅这美丽、圣洁的朋友。

"没有了天鹅,人类不孤单吗?"这当然不仅仅是马鸣这些天鹅专家们痛心疾首的发问了!

马鸣为著名天鹅研究专家,中国科学院新疆生态与地理研究所副研究员。同时,马鸣还担任世界国际自然保护联盟(IUCN)天鹅和鹳鸟类专家组成员、国际天鹅专家组织惟一的亚洲地区联络员,中国鸟类学会理事和新疆动物学会副理事长等职务,曾作为国家委员会成员出席第 23 届国际鸟类大会(2002 年),先后编写出版过《中国野生天鹅》、《新疆动植物》等多部专著。马鸣的研究成果享有世界声誉，而这个声誉就是以近 20 年来不惜牺牲安逸和享受，冒着忍饥挨饿甚至生命危险的代价换来的。虽然繁华的乌鲁木齐有温馨美满的小家，但实际上马鸣每年在家的日子屈指可数，因为在遥远的天山中部也有一个"天鹅湖"，那儿才是他真正的精神家园。

如果说山东荣成的"天鹅湖"是来自西伯利亚和新疆天鹅们越冬御寒的温馨家园，那么新疆天山下的"天鹅湖"就是来自印度和非洲南部天鹅们繁衍生息的理想圣地……

巴音布鲁克湿地，就是传说中的天鹅湖

传说中的"天鹅湖"如诗如画，美不胜收，不但有迷人的水光山色，有天使般美丽优雅的白天鹅，还有神秘诱人的故事……

1986 年 7 月，刚大学毕业的马鸣第一次随同事来到天鹅湖，才发现它并不是人们想象中的模样，所谓的"天鹅湖"其实原本是开都河（《西游记》中传说的通天河）宽阔的水面和两岸无数个深不可测的"水泡子"组成的大片湿地。因为大片的湿地本身，就是辽阔的巴音布鲁克草原的组成部分，所以，天鹅湖也被科学工作者定名为"巴音布鲁克湿地"。

这一方充满梦幻色彩的湿地，就散布于巴音布鲁克辽阔草原上的珠勒图斯山间盆地，平均海拔 2000~2500 米，东西长 30 千米，南北宽 10 千米，总面积约300 多平方千米。每至隆冬，连绵的雪岭，起伏的冰峰，就像洁白如玉的天然屏障，阻挡着来自西伯利亚的滚滚寒流。而春夏之季，巴音布鲁克星罗棋布的湖泊，水光、山色、云彩和天鹅，和谐互溶，交相辉映，又呈现出一幅"片光无痕浸碧天，善容水态自成圆"的绝美画图。

春夏之交当然是巴音布鲁克草原一年中最好的季节，尤其这一片远离人烟远离尘嚣的湿地，冰消雪化，水草丰美，吸引着成千上万的各类水鸟，而天鹅就是这支季候大军中最出色、最众多的一群。天鹅们大都从印度和非洲南部不辞辛劳穿越崇山峻岭万里迢迢长征而来，谈情说爱，生息繁衍。巴音布鲁克湿地也就义不容辞的做了"天鹅湖"。

虽然春夏的季节很美，但天鹅湖的春天总是姗姗来迟。每年的 3 月，内地早已春光明媚，花红柳绿，巴音布鲁克却依然冰封雪冻，寒气袭人。不过，这也正是天鹅们迁徙回归的季节。每年也都是在这个依然寒冷的季节，马鸣必须告别乌鲁木齐温暖的家，风尘仆仆提前赶赴巴音布鲁克，观察天鹅。天鹅中有不少都与马鸣认识，可以说是多年的老朋友了。如果错过季节，也就错过了难得的见面交流机会。

据马鸣介绍，在我们生活的这个地球上，共有 7 种（或 5 种）天鹅，其中分布在

我国境内的共有 3 种，即大天鹅、短鼻天鹅和疣鼻天鹅。这 3 种天鹅有绝大一部分就分布在新疆。我国古代人们称天鹅为鹄，通体白色。天鹅的区别主要在嘴形上：大天鹅嘴为黄色，嘴端部为黑色；疣鼻天鹅嘴为橘红色，有疣状突起。这两种天鹅主要繁殖于巴音布鲁克、艾比湖、乌伦古湖和伊犁河流域，迁徙季节遍布各大水域。而短嘴天鹅体型较小，其繁殖地在北极苔原地带，冬季偶尔才飞临新疆，属于罕见品种。

目前，每年约有上万只大天鹅栖息和繁殖在巴音布鲁克。巴音布鲁克早在 1980 年就建立了自然保护区。1986 年，经国务院批准，巴音布鲁克被升格为国家级野生动物自然保护区，它也是我国第一个野生天鹅保护区，这对珍稀的天鹅们来说不啻是个福音。洁白的天鹅，不但是国家二级保护动物，也是无国界的鸟儿，是美丽、纯洁和吉祥的化身，是人类几乎各个国家、各个民族的人民尊崇和珍视的朋友，在新疆还被官方定为哈萨克族的吉祥物。

对于天鹅专家马鸣来说，天鹅就是他的一切，而他与天鹅和天鹅湖的故事三天三夜也讲不完……

在一个寒冷的夜晚，天鹅如机群降落

3 月 18 日。是一个晴朗的夜晚，内地早已是杨柳依依，春暖花开。可惜，地处天山脚下的巴音布鲁克草原，依然冰雪覆盖，寒风刺骨。马鸣和同伴才旦还有巴吐尔汗，在苦苦地等了半个多月后，才终于等到了那仿佛来自天堂的乐音。"哦——哦——哦"天鹅们无比欢快的鸣叫声，从遥远的天际传来，渐传渐近，马鸣他们的心情一下子激动得难以自抑。

只见纯净如洗的夜空下，一行洁白如云的天鹅，列成大大的"人"字，从黑黝黝的巴西里克山上空飞过来了！它们嘎嘎鸣叫着，队形整齐地飞到马鸣他们的头顶上空，又渐渐地放慢速度，机群一样地盘旋着、轰鸣着，刮起令人心灵震撼的天鹅风。这是多么壮观的场面啊！

天鹅的体重和惯性都很大，因此，往往需要四五十米的"平坦"跑道才可以平稳地降落。如果在坚硬的地面强行直落，她就有可能受伤折翅。一般情况下，天鹅们将相对松软的湖面作为最理想的降落场，因为尚未完全解冻的湖面上，还铺着一层厚厚的雪，这层雪就像柔软的地毯，可以保护天鹅们的翅膀和羽毛不受伤害。天鹅优美地扇动着宽大的翅膀，迎风保持平衡，双脚着地，在柔软的雪毡上向前滑出深深的沟，然后突然弹跳起来，再向前跨出两三米远，又快速跑出几十米，才算完成了整个降落过程。

据当地的蒙古族牧民介绍，大队天鹅的到来是在每年的 3 月底到 4 月上旬。这年 3 月 18 日提前赶来的是第一批"探路先锋"，她们往往要冒很大的风险，因此叫她们"英雄"绝不过分。这第一批探路先锋仿佛是专为马鸣他们提前赶到的。怀着感激的心情,马鸣开始追踪它们浪漫的爱情故事和忠诚的家庭生活。

多年来,马鸣凭借自己的观察和从牧民那儿的了解,已经基本掌握了天鹅在巴音布鲁克生活的规律:它们通常是在夜里 9 点到凌晨 3 点到达。匆匆返回的天鹅并不急于筑巢产卵,它们万里跋涉,实在是太累了,需要休整半个月左右。直到 4 月中旬,才有少数天鹅离开群体去攻占自己的领地,每对天鹅的领地大约在 1 平方千米左右。

天鹅们的爱情,并不比人类浪漫

世世代代居住在巴音布鲁克草原上的蒙古族牧人极为崇拜和爱护天鹅, 他们称天鹅是"贞洁之鸟"。而在一般不了解天鹅生活习性的人们的印象中,美丽的天鹅必有令人神往、惹人沉醉的爱情。其实,天鹅的爱情一点也不浪漫和甜蜜。

占有了领地,天鹅们就开始夫妻分工。雌天鹅忙着衔草筑巢,雄天鹅则警卫驱敌。有了巢穴之后,它们便从容不迫地成婚交配,生儿育女。

为什么说天鹅的爱情一点也不浪漫呢?因为天鹅只要通过各自的努力找到"意中人"之后,就始终双栖双飞,一生都不离弃。它们相亲相爱、忠贞不渝地履行着各自的天职,繁衍后代,直至双双老去。如果中途有一方不幸去世,另一方宁可终身不再嫁(娶),孤独地生活,也绝不见异思迁,另觅佳偶。

在巴音布鲁克,马鸣就发现有不少这样的失偶者,它们总是离群索居,郁郁寡欢,羡慕地望着别人男欢女爱而黯然神伤,令人不胜唏嘘,感慨万千。

前面说过,天鹅在到达巴音布鲁克后,必须先休整 10~20 天,才开始谈情说爱、配对和争夺领地。此时的巴音布鲁克草原,长歌如号,风起云涌,喧哗热闹狂欢成一片,简直就成了不流血的战场。天鹅们的家庭也很单纯,除了原配的,就是新组建的家庭,绝对不会"乱套"。多年来一直观察天鹅生活习性的马鸣,按顺序给这些老朋友都编了号。

比如"1 号家庭"的巢较大,建在湖水的中央,底外径 2.3 米,高出水面 0.4 米,而沼泽深达 0.5~1 米,水底还有冰冻层。可想而知,这个巢有多么高大,天鹅夫妇为了建这个家耗费了多么大的体力和智力。将巢建在水中央,也是为了免除野兽与人、畜的破坏。建巢的过程挺有意思,妻子走出已经铺垫了柔软的细草和羽毛的巢居,在刺骨的冰水中与丈夫协作,传递建筑材料,以期尽快完成最后的工程。雄天鹅搬运建材的速度尤其快捷,每分钟可达 10~15 次。

据马鸣介绍,4 月下旬,"黑水"区(当地牧民特指温泉)最先解冻了,他在 1 号巢发现了 4 枚硕大的天鹅蛋。正好那对天鹅夫妻不在,他认真做了测量,记下有关数据,尽快撤离了。如果被天鹅发现,就有可能毫不犹豫地丢弃这些爱情的结晶。

4 月 30 日这天,2 号和 5 号家庭的"主妇"也开始孵卵,天鹅的产卵期已经结束。天鹅的卵育通常由"母亲"全权负责，"父亲"则只管放哨和驱逐入侵者。如果有人接近它们的家居时，雌天鹅会迅速用草盖好卵，然后悄然隐身草丛，雄天鹅则站在百米之遥虎视耽耽，似乎随时都要扑过来拼命一样！然而，天鹅并不害怕当地的牧民，也许是太熟悉他们了，天鹅知道自己和这些善良的牧民同是巴音布鲁克草原上的居民，他们不会破坏自己安谧的生活。

有一天，"7号家庭"附近突然迁来一户牧民，他们把蒙古包就扎在距天鹅巢台二三十米的地方。谁知那家牧民每天烧火做饭，吆牛赶羊，却并没有惊走孵卵的天鹅。而那成群的牛呀羊呀，还有两只野性十足龇牙咧嘴的牧羊犬，似乎有意识地敬重天鹅，进进出出竟没有一个去碰碰"7号家庭"。

"7号家庭"始终安然无恙，这令马鸣惊叹不已！原来，憨厚的蒙古人有一句名言：天鹅是吉祥鸟，是朋友，佛爷也保佑它们呢！大概具有灵性的天鹅也相信牧民的善良与友好。

保佑天鹅，也就是保佑人类自己

巴音布鲁克的夏天，是一年中最美好的季节，满目碧波潋滟，绿草如茵，野花盛开。6月，仍然是天鹅的繁殖季节，而且是小天鹅出壳的高峰期。这段时间，人们很难见到大群的天鹅，只有进入沼泽深处，也许才会很运气地找到繁殖期的天鹅。它们往往警惕性极高，一般不让人见着。面积达2.38万平方千米的巴音布鲁克草原，一望无际，到处是丰美的水草和潺潺的河流，天鹅藏匿于这一方"世外天堂"，你要是不下一番苦工夫，真的很难找到它们的芳踪。然而，马鸣决心找到它们，这些美丽善良的朋友。

那天，马鸣和才旦各划一艘橡皮筏子穿越开都河湍急的水流，快速向南漂去。他们顺河漂流到傍晚，仍不见天鹅的踪影，天空却下起了灰蒙蒙的小雨。马鸣最后才在一个被鸬鹚、白鹭、野鸭和几只贼眉鼠眼的小狐狸占据的小岛上找到了天鹅。为保护天鹅的安全，马鸣和才旦毫不客气地赶走了那几只专门偷猎天鹅和其它鸟儿的狐狸。

马鸣发现，7月的天鹅正在换衣，它们脱光了羽毛从而失去了飞行能力，于是集体躲进了这块人兽都难以接近的沼泽地，过着与世隔绝的生活。在这里一连数日，每天都能见到大群的天鹅，最多的一群有400多只，那是多么壮观的场景啊！那个晴朗的早晨，马鸣站在天鹅群落不远处，登高望去，但见白云、雪山、草地、碧水、飞鸟和倒影，若隐若现，如梦如画。

然而，这凉爽而美丽的夏天毕竟太短暂了。几乎未及享受，"秋老虎"就很快呼啸而来，不由分说地侵占了巴音布鲁克湿地。那些才出生三四个月的小天鹅，羽毛刚刚丰满，就已经在爸爸妈妈的带领下开始了紧张的飞行训练，它们即将辞别家乡远行,去那万里之遥的南方越冬!

10月10日,一个明月朗照的寒夜,马鸣站在巴音布鲁克的旷野上,目送着他心爱的天鹅们,一批又一批地列队出发了!这一去,直到第二年开春才能返回,而在险象环生的万里长征路上,谁也不敢保证天鹅们会遭遇什么不测,明年又会有多少老朋友无端地"失踪"呢?

寒冬腊月,是西部最寒冷的季节。然而,巴音布鲁克湿地却显得温润而生机勃勃。据当地蒙古族牧民讲,有水的地方就有蒸气,有蒸气的地方也许就有天鹅!

元月中旬的一天,马鸣和同伴搭便车翻越查汗诺尔达坂,前往距天鹅湖最近的阿尔先乡。那天的太阳格外耀眼,冰天雪地中四周一片银光闪烁,足以致人"雪盲"。直到太阳快落山了,马鸣刚赶到巴西里克山下,忽听有人喊道:"看!蒸气。"

果然前面雾气蒸腾,扑朔迷离。据当地的蒙古族牧民讲,有蒸气的地方叫"黑水"。天上再冷,草甸下的水也是热的。有这么相对温暖的环境,那些老弱病残的天鹅无法长途远涉,完全有可能留下来,留守家园。

马鸣果然在"黑水"找到了天鹅。有几只天鹅正快速浮游于水汽弥漫之中,马鸣兴奋得差点叫出声来。貌似娇弱的天鹅竟然果真能在这儿越冬,与巴音布鲁克的奇寒抗争,真是奇迹。马鸣用温度计测量了一下,水温果然在5℃~7℃,然而离开泉眼5米之外,水温就降至0℃以下了。

当然,并不是所有的天鹅都能有幸逃过严冬的浩劫。马鸣发现,在结了冰的"白水"上(蒙语:查汗诺尔),就常常能发现天鹅们悲惨的尸体。这些天鹅显然是冻饿而死的,她们的尸体上羽毛稀疏,被封冻在坚硬的冰雪中。望着这些死去的天鹅,马鸣忍不住流下了伤心的泪水。

冬天,西部寒冷而漫长的冬天,的确是天鹅们极难逾越的灾季。

初春一场大雪过后,在尤尔都斯挨冻挨饿而夭亡的天鹅就达到150只,其中许多都夭折于卵和巢中。天灾,已经使天鹅在劫难逃了,何况更添人祸!从某种程度上说,人祸猛于天灾!

据马鸣多年来调查掌握的数据显示,上世纪60年代,巴音布鲁克有上百万只天鹅栖息。而现在,连过去的十分之一恐怕都达不到,科学工作者们将人祸归纳为几类:外来人畜增多,大片原始草场被开辟为新的牧场,牧群严重地威胁了繁殖期的天鹅,毁伤了它们巢穴中的卵和幼仔;狩猎者的疯狂捕杀,甚至还有专门捡天鹅蛋发财的人;工业开采对水源的污染和湿地的破坏,旅游等商业行为的过早、过度开发……如果人们怀着好奇和商业目的大量涌入,扬起漫天尘嚣,惊飞成群的天鹅和各类正在做梦的鸟儿,天鹅湖还会有宁静和美丽吗?

"如果丢失了巴音布鲁克,哪儿还能做天鹅们理想的繁衍地?这可是天鹅最后的家园呀!"马鸣不无忧伤地说。

令人欣慰的是,科学工作者们和政府都在通过多方努力,保护这块天鹅们最后的伊甸园。巴音布鲁克草原上的蒙古族牧民，更是继承他们祖祖辈辈热爱天鹅的传统美德，自发组织起了一支"义务保护队"，日夜守护着他们心目中不容侵犯的圣洁的"吉祥鸟"……

保佑善良的天鹅吧，人们！既然天鹅是我们生存在这个地球上的美丽精灵，是人类吉祥的朋友，那么，保佑天鹅实际上也就是在保佑人类自己。

好在人们对天鹅的保护意识与日俱增，救护天鹅的感人故事也层出不穷……

2006年12月28日8时许，漫天迷雾，一只全身冻满冰凌的白天鹅因体力不支，跌落在山西芮城县南卫乡成村方战辉家的院子里。

这位不速之客的到来，使方家又惊又喜，一下子忙碌起来。他们赶快把白天鹅抱回卧室，先给它消融身上的冻冰。在给它做全身检查时发现，天鹅翅膀下有一块跌落时摔成的擦伤。为保证白天鹅的生命安全，方战辉从外村请来了医生，为白天鹅检查身体。在确认天鹅没有危险的情况下，一家人又是喂食又是喂水，热情招待这位高贵的客人。经过两天两夜的精心护理，白天鹅渐渐恢复了体力。

为使白天鹅顺利回归大自然，方战辉把抢救情况报告了林业局。12月30日下午，芮城林业局的负责同志专程到方家把白天鹅接走，经过专业人员一天一夜的喂养和观察，白天鹅体力得到彻底恢复，可以放生。2007年1月1日上午11时，县林业局和县野生动物保护站的同志一起，驱车前往50多千米外的黄河边，将白天鹅放归大自然。

2007年2月27日，在湖北孝感东湖鸟语林中，一只珍贵的白天鹅左脚被不法分子用猎枪打断，并且食物中毒，生命危在旦夕。在接到群众电话举报后，武汉东湖鸟语林的专家很快赶到现场将受伤垂危的白天鹅救回。经过几个月的精心救治，不仅使其完全康复，还装上了假肢，在该园安家落户。

2007年8月24日，乌鲁木齐市米东区柏杨河乡红柳村一牧民吾普尔·阿不都拉在放牧归来路经水库时，看到水库中有数对天鹅，发现其中1只白天鹅不能灵活行走和飞行，他怀疑这只白天鹅受伤了，就抱回家中精心饲养，给这只白天鹅喂肉食、鱼等，并与林业部门联系。米东区林业局野生动物保护办公室工作人员立即前往，将白天鹅送往米东区动物医院进行诊断，经诊断化验发现患有大肠杆菌引起的痢疾，经过打针吃药，积极救治，疫情已得到控制。待康复后放归大自然。

采撷野驴之美，是他矢志不渝的追寻

蒙古野驴，别名亚洲野驴、野驴。属大型有蹄类。外形似骡，体长可达 260 厘米，肩高约 120 厘米，尾长 80 厘米左右，体重约 250 千克。吻部稍细长，耳长而尖。尾细长，尖端毛较长，呈黄棕色。四肢刚劲有力，蹄比马小但略大于家驴。颈背具有短鬃，颈的背侧、肩部、背部为浅黄棕色，背中央有一条棕褐色的背线延伸到尾的基部，颈下、胸部、体侧、腹部呈黄白色，与背侧毛色无明显的分界线。

蒙古野驴属典型荒漠动物，生活于海拔 3800 米左右的高原开阔草甸和半荒漠、荒漠地带。营游荡生活，耐干渴，冬季主要吃积雪解渴。以禾本科、莎草科和百合科草类为食。叫声像家驴，但短促而嘶哑。8~9 月份发情交配，雄驴间争雌激烈，胜者拥有交配权。怀孕期约 11 个月，每胎 1 仔。

蒙古野驴属国家一级野生保护动物，被列入《濒危野生动植物种国际贸易公约》。现主要分布于我国甘肃、新疆和内蒙古一带和蒙古人民共和国。分布于亚洲腹地的野驴，并非是现今家驴的祖先，家驴源于非洲野驴。野驴善于奔跑，甚至狼群都追不上它们，但由于"好奇心"所致，它们常常追随猎人，前后张望，大胆者会跑到帐篷附近窥探，给偷猎者可乘之机。

2007 年初夏，"冯刚新疆野生动物摄影展"在浙江长兴举办，同时，他又为长兴高级中学的师生作了一场别开生面的报告。自从与新疆的蒙古野驴"结缘"并被新闻界誉为"野驴之父"数十年来，像这样的活动连冯刚自己都不知举办和参加了多少次了，这也是他应邀作客《文汇报》的系列活动之一。

其实，冯刚最风光、最辉煌的是 2001 年。这年 2 月 28 日，国家环保总局授予他"全国环境保护杰出贡献者"荣誉称号。同年 4 月 22 日，"中国环境新闻工作者协会"和香港《地球之友》杂志社又授予他"地球奖"。4 月 28 日，冯刚应邀进京，在北京动物园科普馆举办了他的野生动物摄影展，引起巨大轰动，15 天中前往参观者达 8 万之众，盛况空前，创造了北京动物展历史之最。布展期间，冯刚还应邀赴北京大学、中国人民大学、北京林业大学等高校做野生动物专题演讲，受到了首都大学生的热烈欢迎，场场爆满。

2002 年，冯刚荣获中华环境保护基金会颁发的"中华环境奖"。

2004 年，冯刚又获国家林业局"梁希林业宣传突出贡献奖"。

冯刚曾先后作为"走近自然的人"，两度作客中央电视台"人与自然"栏目；又应

"中国濒危动物保护中心"、北京《自然之友》、《中国野生动物》杂志社及上海宝钢等单位邀请，进行为期 40 天的"新疆野生动物保护宣传摄影展汽车万里行"活动，刮起了一场场的"冯刚旋风"。柯达和佳能两家公司曾分别为其免费提供胶片和摄影器材，江铃公司免费提供了一辆越野车，鼎力支持他的野生动物拍摄。因为冯刚的成名与生活在西部荒漠的蒙古野驴和藏野驴息息相关，可以说，没有野驴，也许就没有冯刚今天的成就。而当初冯刚为了寻找梦中那珍奇美丽的野驴，真可谓生死历险、九死一生啊！

蒙古野驴——难解之缘

冯刚是新疆乌鲁木齐市第六中学的高级教师。淡泊从容的教书生涯中，他总有一种"一万年太久，只争朝夕"的紧迫感。他有一个魂牵梦萦的夙愿：自己去拍摄生活在我国的野生动物！

其实，那些生息于大自然的野生动物，跟一个生活在都市的中学英语教师有什么干系呢？但它就像是郁结在冯刚胸口的一块"心病"："为什么中央电视台《动物世界》中的节目，几乎都出自老外之手？为什么咱们中国人就不太关心野生动物？为什么野生动物灭绝了或濒于灭绝，竟没给这个世界留下最后的形象？"他屡屡考问自己。

"我完全有能力做好这件事！"20 多年的摄影爱好和经验，让冯刚始终沉浸在一种跃跃欲试的狂热中。

1995 年 7 月 21 日，冯刚带着他惟一的一部美能达×700 相机和借来的长焦、广角镜头，首次出征。

第一次拍摄野生动物，冯刚选择了卡拉麦里，并且确定了以蒙古野驴等有蹄类野生动物为主要目标。

卡拉麦里是一方荒山野地，面积约 1.7 万平方千米，位于古老的准噶尔盆地东缘。在辽阔而荒凉的卡拉麦里，生长着蒙古野驴、鹅喉羚、盘羊等国家一、二类保护动物。1981 年，这儿被正式辟为我国第二大野生动物自然保护区。

卡拉麦里距新疆维吾尔自治区首府乌鲁木齐市约 360 千米。第一次到这么远的地方拍摄野生动物，46 岁的冯刚却像年轻时第一次与女友约会那样兴奋和激动。他按捺不住咚咚心跳，双手高度戒备，紧端着相机，睁大双眼，紧张地注视着车窗外一片落寞的荒漠戈壁，渴望遥远的地平线上突然出现他魂牵梦绕的奇观。

这是一个绝好的日子。天高云淡，吉普车疾驰在漫无边际的旷野上，扬起一溜弥天盖地的烟尘。西部暴烈的太阳像个火球越蹦越高，毫无遮拦地炙烤着大地，冯刚的额头、鼻尖和手心都沁出了热汗。

"野驴！"开车的老马突然兴奋地大叫道："看！我敢保证，那是野驴！"

老马不愧是炮兵出身，眼力真好！冯刚随即大喊一声"停车！"等不及车停稳就跳了下去，像特警队员猫起腰绕着小山包左拐右拐，寻找角度，远距离拍摄。他怕距离太近惊散了那群"可爱的天使"。

边走边拍，不知不觉就过去了3个小时，冯刚意犹未尽，上车后才感到钻心地疼，原来脚底板已经打泡了！

得继续寻找目标！冯刚于心不甘，不想错过这难得的机缘。

真是天遂人意，下午三四点，冯刚又发现了一群野驴。这群野驴起初没有发现他们，"目中无人"而显得祥和、悠闲，有的站立，有的打滚，还有小驴在吊吃妈妈的奶。

"好一个世外伊甸园！"冯刚赶紧拿着相机，让老马拎一台小型摄像机，兵分两路，在距驴群1000米外开始向驴群包抄过去，边靠近边拍摄。突然，随着一阵"哦昂——哦昂——"的洪亮的鸣叫声，一头公驴冲出驴群，向老马飞快地跑过来。

这是一头多么膘肥体壮威风凛凛的野公驴啊！它浑身毛发油亮，形体匀称、高大、丰硕，四肢健美，两耳直竖，昂首挺胸，目光炯炯，充满了警觉、刚烈与自信。从镜头中，冯刚第一次看到这么威武健硕的野驴，一时被它张扬的野性美所折服，忘记了手中的相机，忘记了呼吸，世界上的一切仿佛在一瞬间凝固。

"一睹倾城，再睹倾国！"冯刚无法形容这一刹那的快感，只是在这一瞬间，他更坚定了自己的人生信念："我这辈子就是跟野驴有缘！"冯刚意味深长地说，"叫做心有灵犀一点通吧，第一次见了它，我就生出前所未有的亲爱的感觉。"

冯刚相信宿命中的心灵相约，又真正体验了一次一见钟情不可忘怀的天缘，自此，他的灵魂常常出窍，徜徉在他梦中的圣地——卡拉麦里！

1996年7月23日，冯刚第二次踏进了卡拉麦里。

走在荒凉松软的戈壁滩草地上，冯刚旋即被久违的那种返璞归真的感觉充溢得严严实实，每迈一步都觉得是一种豪迈。

突然，一头公驴跃入冯刚的眼帘。这家伙静静地伫立着，头向着漠漠的远方，似乎很孤独、很落寞，却很面熟。"是它！"冯刚一下子想起来了，这就是他第一次见到的那头野公驴。它似乎也认出了冯刚，犹犹豫豫想接近，又扭扭捏捏若即若离。或许是对人类的恐惧，它掀蹄"嗒嗒"几声向公路那边跑去，并不一闪即逝，而是跑跑停停，"很明显是一种狡黠的误导和引诱！"冯刚的心被它的智慧熨贴得舒舒服服。

冯刚看穿了它的诡计，笑一笑向它挥一挥手，向相反的方向走去，才走了2000米远，果然就见一大群野驴像在举办"那达慕"盛会，分了四五堆各自操练着，好家伙，大约有200多头！

冯刚几乎呆了！一种看到旷世奇迹的惊叹让冯刚如坠梦中，整个人像飘浮空中。他有些慌乱，一时手足无措。

一头高大的公驴似乎也认出了冯刚，它从这头跑到那头，像总教练在现场指

挥，又像总指挥在做动员报告。它们的不慌不乱，好像是对老朋友冯刚的隆重欢迎。

冯刚稍作镇定，支好三角架，迅即出现的场景让冯刚感动不已：公驴"哦昂——哦昂——"一声号令，几乎所有的野驴都"刷"地齐刷刷抬头挺胸，像战士接受首长的检阅。

冯刚边拍边往前行进，兴奋得有些精神失控，尖着嗓子自我告慰："天啊，我终于拍到老朋友的双眼皮了！"

就在这次，他拍到了得意之作《奔腾》，拍到了获奖作品《侣》。

神奇的是，在这段时光里，卡拉麦里的蒙古野驴，只要一见到冯刚，听到他那一声响亮的口哨飘临，它们就会停住奔跑的脚步，忘情地向他行注目礼，或者不断地变换队形向他展示自己矫健的体形美，供他拍摄。

冯刚惟一遗憾的是：他还没有与野驴相拥留下一张惊世之作。他梦想着那一天早日来临。

卡拉麦里——生死历险

"能跟野驴交朋友，也不跟某些人打交道！"这是冯刚说的一句气话。为了寻梦，他先后买过3次车，特别是第二次为了省钱，托朋友买了辆二手车，被骗了个一塌糊涂，使他近两年的工资收入都打了水漂！他终于狠下心四处借贷，直接买了一部崭新的"金旋风"。

1998年7月27日上午，冯刚与新疆野生动物保护专家唐跃及司机杨林一行3人，在自治区环保局、乌鲁木齐市教委、自治区摄影家协会、乌鲁木齐市摄影家协会及新闻单位的热烈欢送中，从他任教的乌鲁木齐市六中出发，又一次直奔卡拉麦里。

在去卡拉麦里的路上，蒙古野驴是热门话题，这次又是专程为拍摄蒙古野驴而来，冯刚带着他昂贵的相机和新买的长焦、广角、变焦镜头，扬着眉毛噘着嘴说："这一次，一定得多拍它们的'双眼皮'！"他认真而又滑稽的样子，惹得唐跃和杨林哈哈大笑起来。

然而，转悠了整整两天，连野驴的影子都没望见。于是，他们只好在距216国道不远处的一座小山包上安营扎寨，继续搜索。

卡拉麦里这么大，想一下子找到野驴谈何容易！冯刚3年来，几乎跑遍了这1.7万平方千米的戈壁荒漠，拍到了几百幅蒙古野驴、鹅喉羚和盘羊等国家一、二类保护动物的风采，他以"过来人"的口吻对随行同伴们说："这事就跟搞对象一样，不能太急！得耐着性子慢慢地找。"

盛夏的准噶尔盆地，白天骄阳似火，夜晚却寒气逼人，他们经过连续3个昼夜的搜索，已显得十分疲惫。

没见到野驴,冯刚坐卧不安。已经是 7 月 30 日了,梦中的天使啊,你在哪里?冯刚有些急不可耐。清晨 7 点,他早早爬起,带上一瓶矿泉水和几块苏打饼干,拎着包和六七千克重的摄影器材出发了,他不想打扰同伴的好梦。

冯刚在又松又软的沙丘里行走,一步一个深深的脚窝,才走出大约 1000 米远,就气喘不匀浑身冒汗!这可不像在乌鲁木齐大街上散步那么轻松。

他正自嘲着,突然眼前一亮,差点惊叫起来:"野驴!"

是野驴!一大群野驴!"久违了,老朋友!"冯刚热血上涌,显得异常激动。

在四五百米远的地方,聚集着一群蒙古野驴,约 200 头左右,它们淡褐色的皮毛在晶亮的阳光下闪闪发光,一个个矫健得令冯刚赞叹不已。

被 3 天来的失意和沮丧纠缠得情绪低迷的冯刚,像打了一针吗啡,陡然精神大振。他慌忙猫腰找了个最佳位置,支好三角架,将镜头瞄准野驴群,一阵疯拍!

"哨驴"终于发现有人对它们"图谋不轨","哦昂——哦昂——"地拉响"警报",驴群一阵骚乱,转瞬间,一大片彩云似的风卷而去,扬起漫天沙尘——那壮观的场面,简直是空前绝后啊!

"等等我,伙计!"冯刚顾不上埋怨,赶紧收起相机,撒开脚丫子追了过去。

这是一场幸福的追逐!

由于他身体消瘦,轻快敏捷,又有追堵经验,于是,追追拍拍,拍拍追追,在广袤而静谧的卡拉麦里荒漠上,冯刚跟野驴朋友们捉起了迷藏。

拍完了两个胶卷,驴群已跑得无影无踪了,冯刚才感觉到腰酸背痛,口干舌燥,腹中空荡荡地难受。他一屁股坐在滚烫的沙地上,抬腕一瞅,不禁吃了一惊:正午 12 点 30 分!

已经 5 个小时过去了。

冯刚打开矿泉水瓶子,"咕咚,咕咚"灌了几口,又一口气嚼完了 10 块饼干,身上才有了点儿力气,于是站起身,将相机和包收拾好,思谋着回营地。

"他们也许等急了!"冯刚边走边想,不觉加快了步子。然而,往南走了好一阵子,仍旧不见"金旋风"的踪影。

也许是方向错了!于是他又往北走,走了好一阵子也啥都没看见。这时冯刚一下子从喜悦的云端坠落地面,开始意识到现实的严峻。

头顶是燃烧的烈日,身边是熏人欲晕的热风,周围一片死寂,犹如洪荒世界。冯刚举目四顾,念天地之悠悠,终于承认自己老马"失"途了!走吧,总不能让太阳把自己烤焦在戈壁滩上吧!冯刚干脆凭着直觉往前走,走得精疲力竭,一身迷彩服早已湿透,浑身虚脱,心跳加速,剧烈的头疼、恶心,像洪水泛滥一古脑儿地袭来。

冯刚仿佛走在世界的末日,走近了生命的极限,他产生了前所未有的恐惧,眼前交错着出现忽闪忽闪的幻影:彭加木、余纯顺一齐微笑着向他走来,"欢迎你呀,老冯!咱们都是上海同乡啊!"

"不，不，不能就这么死了！我才 50 岁，还有好多事等我做呢！"冯刚想到了野驴，想到了他的拍摄计划，想到了他的学生、朋友、同事、年迈的父亲以及贤惠的妻子……然而，实在走不动了。冯刚艰难地爬上一个小沙包，将三角架支好、升高，挂上红底黑边的睡袋套，又用手在地上吃力地挖了个坑，将摄影包放进去，然后，坐下来从日记本上撕下了一页纸，开始郑重其事地写"遗书"：

我是乌鲁木齐市第六中学的英语老师，来卡拉麦里拍摄野生动物。我迷路 10 个小时，已精疲力尽，出现脱水。我准备去找水。如果我的伙伴们开车找不到我，我可能遇难。如果您捡到三角架和照相机，请送交乌鲁木齐市第六中学，或者转交给我的妻子郑蜀湘，请他们把相机里的胶卷冲出来，这就是我的遗作。

谢谢！

冯 刚

1998.7.30 下午 5:30 分

将"遗书"放在摄影包上，再罩好了伪装网，冯刚又在日记本上给妻子写"诀别信"：

蜀湘：

如果我真有不测，请不要悲伤，人生一世，总会有这一天的，谢谢你对我爱好的支持。我花了家里这么多钱，真让我过意不去。如果我不是迷上野生动物摄影，我们的日子会好过多了，请你不要怨恨我。如果我真的走了，请你把汽车和照相机都卖掉。我真不愿这么早说离开你，也不愿这么早就离开亲朋好友和学生们。

爱你的冯刚

办妥了一切，求生的欲望却像野火一样迅即燃烧、升腾，"我必须先去找水，找到了水，就有了生还的希望！"这个念头使冯刚体内漾起一股战胜灾难的勇气，他几乎是蹿下了沙包。

又不知走了多少路，水还是一滴也没有找到。望着淡漠深邃的天空和荒寂辽阔的戈壁滩，冯刚孤独地站立着，真有一种壮士一去不复还的悲凉。

等到冯刚转回留"遗物"的地方，时针指到了下午 8 点。冯刚闭目打坐，思绪纷然而至。忽然，天空飘来几朵乌云，一阵凉风刮过，竟"噼噼啪啪"打下雨点来。真是天降甘霖啊！冯刚赶忙仰面张开嘴巴，又虔诚地伸出双手。然而，老天爷好像是有意地捉弄他，一滴雨水也没让他沾上。

一股懊恼在心中突升："难道天要亡我冯刚不成？"风过雨止，一切又回到了刚才的死寂。冯刚无力地坐在沙包上，想着生或者死的问题，想着水，那平时并不在意的东西。一想到水，他忽然挣扎着站起身小便，并伸手接住那又浑又黄的液体，一口一口地全灌下了喉咙。那种苦涩和臊腥，让冯刚难禁欲呕，他咬住牙关用手撑住喉咙，保住了"珍贵的水源"。饮了"回笼汤"，冯刚长吁了一口气，抡了抡胳膊，似乎恢复了点体力。

又坐了近 20 分钟，瞧瞧表，已到黄昏 9 点 25 分了。就在冯刚打算继续寻找营地时，蓦然间北边不远处扬起了一阵尘土。

"野驴！"

果然又是一群野驴！如千军万马呼啸而过，在黄昏寥廓的旷野上刮过一阵生命的飓风。冯刚遭电打似的跳将起来，又用相机对准目标，"啪！啪！啪！"连拍了 3 张。

就在野驴群梦幻般消逝之时，奇迹出现了！一个移动的黑点带着一道烟尘，由南向北直奔而来！从长焦镜头中一望，冯刚喜悦得差点跳起来。

"金旋风！是我的金旋风来了！"

"金旋风"沐浴着落日的万丈霞光，风尘仆仆疾驰而来！冯刚不顾一切滚下沙包，向他的"金旋风"扑了过去。

"金旋风"上跳下了唐跃和杨林，3 个人像经历了一场生离死别，热烈地拥作一团！

"我们找了你 9 个小时呀，一刻都没有敢停！"

"你得感谢野驴，是它们带我们来这里的！"唐跃说，"我相信只要你有水，就是在拍野驴！"

冯刚无限感慨地道："我与野驴，这是一场生死之恋啊！"

他一口气灌了 3 瓶矿泉水，像狼一样吞下了一小盆剩面条。

阿尔金山——赴约牦牛

遥远而又神奇的阿尔金山，其实很早就像一团神秘的雾，笼罩在冯刚的梦想中。

1998 年 7 月 31 日下午，冯刚一行 3 人从卡拉麦里返回乌鲁木齐，在街上修车、加油后，忙得连招呼都没给家里打一声，就匆匆驱车上 312 国道，向南疆奔驰，向阿尔金山奔驰！

阿尔金山位于新疆维吾自治区东南部，绵延至青海、甘肃两省边界，横亘在塔里木和柴达木两大盆地之间，面积约 4.5 万平方千米，是我国最大的珍稀野生动物自然保护区。

在海拔 3500~4000 米的阿尔金山，生息繁衍着数百种珍稀的野生动物，那里是动物的天堂。然而，那里海拔高，气候多变，环境恶劣，路途遥远，路况极差，甚至没有像样的行车道，并且人烟稀少……这一切对冯刚来说既充满风险和挑战，也充满神秘和刺激。他太钟情于这种神秘和刺激了，越神秘他越想一试而后快，越刺激他越觉得人生是何其精彩！

行路漫漫，阿尔金山距乌鲁木齐市约 1500 千米，冯刚的"金旋风"像箭一样射出，满耳的风声，仿佛是进军的号角，在呼啦啦吹响！

经过两天一夜的颠簸,8月2日,冯刚一行赶到了沙漠边缘的若羌。若羌距首府乌鲁木齐900多千米。从地图上看,它就在阿尔金山的脚下,也确实是离阿尔金山最近的一个县,更是进山的必由之路。祁曼塔格乡是若羌县最边远的一个乡,也是距阿尔金山最近的一个乡。到了祁曼塔格乡,见了该乡公安派出所副所长史建民,冯刚有些猴急,接连问:"还远吗?"史建民说:"从我们乡进山,也就五六百千米吧!"

"还有五六百千米?"冯刚瞪大了眼睛。

"五六百千米算啥?"史建民笑道,"您知道我们这个乡有多大吗?两万平方千米,抵一个小国家吧?"

"有多少人口?"冯刚附带问。

"百十来口,也就20多户吧!"史建民很健谈。

这也许是世界上最大又最小的乡了,也是最"地广人稀"的地方了。史建民20来岁,黝黑而壮实,为人热诚憨厚,一个人"单干",无牵无挂。他说完自告奋勇地要为冯刚一行当"向导"、"助手"兼"保镖"。他"炫耀"着说:"有了我,少走弯路,绝对安全!"

"谢谢你,兄弟!"冯刚感激地用手紧紧握住了史建民的手。

8月4日,冯刚一行终于来到了阿尔金山自然保护区的外围哨卡。哨卡的公安武警同志早已从报纸上见过冯刚,因此当晚就以阿尔金山卫士特有的热情,加上汉子们的豪放旷达,一场饯行酒,将冯刚及其同伴们灌了个酩酊大醉。

第二天上午,冯刚他们正整装待发,却有一位身着警服的小伙子走了过来,递给冯刚一封信,并郑重其事地说:"冯老师,上车后再打开看。"然后,又加了一句,"祝你们一路顺风!"说完扭头就跑了。

冯刚一时丈二和尚摸不着头脑,待上车后打开信封,里面除了一纸短笺,还夹着200元钱。冯刚读着信,两眼湿润了……

冯老师:

您好!

我是一名人民警察,更是一个喜欢大自然的人。看了对您的报道,手中拿到了您拍摄的野生动物照片,目睹了您阿尔金山之行的艰辛,您的这种对野生动物、对大自然的热爱和执着追求,使我由衷地钦佩。请接受我的敬礼,我深信大自然的阳光会变得更加灿烂,希望冯老师在坎坷的征途上前进。祝福您冯老师——一路走好!

附:这里有200元钱,愿能为您尽一点微薄之力。

钟 旭

1998年8月4日

　　冯刚心里暖暖的，这封信以及那 200 元的心意，让冯刚感到一种不可推卸的重任压肩而来，他从心里呐喊：阿尔金山，我来了！

　　神奇的阿尔金山，蒙古语的意思是"有柏树的山"，但似乎名不副实。山上柏树很少，除了乱石就是野草和灌木丛。山路没有想象的那么险恶，却也崎岖难行，特别是随着海拔的增高，高山反应明显增强。冯刚一行头疼欲裂，因为缺氧，个个坐在车里喘气，车只好由对高原反应较为适应的史建民开着。所带的铁皮罐头居然都膨胀变形了！

　　晚上在山里过夜，这儿可不比在卡拉麦里的草地上。在这里，人整个晚上气短心跳，压根儿就睡不着觉。不过，历经两天的磨炼，大家已渐渐适应了，于是全力以赴寻找野牦牛。

　　8 月 6 日下午，进山不久。

　　"牦牛！"

　　不知谁大叫一声，大家扭头一看，果然在距车 1000 米左右的地方，有 4 头漆黑的野牦牛正在悠闲地吃草。

　　"拍！"冯刚精神抖擞，一声令下，"金旋风"便向那几头庞然大物靠近，他早已拿好"武器"准备下车。坏了，那几头牦牛起初一惊，扭头便跑！谁知就在双方相距五六百米时，两头高大雄壮的公牛突然掉转了头，尾巴像旗杆一样直冲云天，又神鞭似的左摇右晃，低头躬腰，随即黑旋风似的直冲过来！

　　"快撤！"

　　经验丰富的史建民一看不妙，低吼一声，方向盘一打，油门一踩，"金旋风"几乎是慌不择路地狂奔了三四千米，才甩掉了那两头庞然大物！所有的人，也都长吁了一口气。

　　"那家伙凶得很！"史建民小心翼翼边开车，边心有余悸地说："公牛每头重 1 吨多，啥都不怕，并且好斗，掀翻过小吉普，还常常顶死人。在阿尔金山，它是名副其实的'百兽之王'哩！"

　　好一个"百兽之王"，说得冯刚越发心里痒痒的，渴求亲近的冲动倏然发作。

　　8 月 7 日，一个晴朗的日子。那天下午，当冯刚一行将车提心吊胆地开过险如沼泽的流沙河，来到一座小沙丘时，突然发现黄灿灿的沙滩和绿茸茸的草地上，悠闲地嬉戏着黑压压的一大群野牦牛。

　　冯刚激动得差点叫出声来，却赶紧闭上了嘴巴。他将相机准备好，悄悄下车在沙丘后东躲西藏地拍呀拍，拍了个过瘾！

　　"我终于拍到世界上最好的照片了！"

　　过足了瘾，冯刚像个老顽童似的在沙丘上又蹦又跳！开玩笑，这上百头的野牦牛群，很难遇到呢！

　　令冯刚沮丧的是，回到乌鲁木齐冲洗出来，才发现照片清晰度不够。

"如果有一只尼康 600mm 的自动长焦镜头就好了！"记者在采访时，冯刚露出深深的惆怅，叹息道，"可我在北京王府井那儿一瞧，7 万块！妈呀！目前我是再也没处找人借钱了！"

这次阿尔金山之行，行程 6600 千米，历时 24 天，跑坏了车轴，报废了 3 个车胎。但这些损失与拍摄到的上百幅珍贵图片相比，冯刚认为这算不了什么。他惟一的遗憾是，全程才见到过 42 只零散的藏羚羊！本来，阿尔金山的藏羚羊种群居全球之首，然而，大批国内外的盗猎者肆无忌惮地捕杀，使这种国家一级保护动物濒临灭绝。

2005 年 6 月，冯刚第六次进罗布泊拍摄野骆驼。就在他苦等野骆驼的那一个多月里，一只美丽的狐狸走到了他的身边。最初小狐狸是被附近一只冻死的黄羊所吸引，顺便光顾了冯刚的拍摄掩体。"骆驼没来，来了狐狸，照拍。"为了吸引狐狸，他把吃剩的羊骨头扔给它，时间一长，狐狸倒养成了来拍摄掩体觅食的习惯。这只狐狸给冯刚带来了巨大的乐趣。冯刚的镜头，也离狐狸越来越近。开始时冯刚还有些担忧，怕狐狸被闪光灯吓跑，可是按下快门后，冯刚发现这个有灵性的狐狸不但不怕，还会摆出各种"造型"，等待摄影师一次次按下快门。

冯刚说："小狐狸连续来了很长时间，甚至有一次在白天来找我。那只狐狸不怕我，我把骨头扔给它，它就走过来吃。我忽然意识到，这很危险。它必须害怕人类，否则就躲不过盗猎者的枪口，最终被围在某人的脖子上。我最后一次喂了它，然后掏出发令枪，对准天空开了一枪。它跑出了十几米，又回头看看我。我追上去，又是一枪。它跑了，我一路追，直到打光了 8 发子弹，目送它消失在树林中。在那个山头上，我站了很久很久……"这就是冯刚，多年来跟蒙古野驴以及野生动物的零距离交流与心灵沟通，使他对所有与我们共同生活在这个蓝色星球上的野生动物们，都产生了深深的热爱、同情和怜惜……

第二人生——痴心不改

生命不息，追拍野生动物的梦想也不辍止。冯刚说："这是我的第二人生！"

1999 年春节前夕，也是冯刚 50 岁生日的第二天。一大早，他就全副武装，开车直扑卡拉麦里。当时，气温在-20℃，寒冷的天气让人们连门都不想出，冯刚却在哈萨克族向导的带领下，苦苦寻觅了好几天，终于找见并拍摄到了国家二级保护动物盘羊。

这年春节期间，冯刚又不顾天寒地冻，顶风冒雪在白杨沟寻找并拍摄到了国家一类保护动物北山羊！北山羊是分布于中亚一带的高山动物，曾传言已经绝迹。因此，冯刚的《乌鲁木齐南郊重新发现北山羊》的消息一见报，立即引起了国内外野生动物学界的极大关注。

　　"冯刚是目前国内拍摄大型有蹄类野生动物的先驱。"这是我国一位著名专家的评判，也是对冯刚第二人生的高度评价。

　　同年7月15日，冯刚一行带着28块分贴96幅野生动物照片的宣传展板，驾驶着他的"金旋风"，身披写着环保口号的绶带，从乌鲁木齐市人民广场出发，开始了他的"新疆野生动物保护宣传汽车万里行"。

　　7月22日，冯刚一行来到"新疆野生动物保护宣传汽车万里行"的第一站——北京。在北京麋鹿园，北京人热情地接受了冯刚以及冯刚的生态保护主张——热爱动物，保护动物。从一幅幅真实、生动的野生动物照片中，北京人也了解了遥远的阿尔金山、卡拉麦里荒原和生活在那里的野生动物。冯刚在为北京市中学地理教师作报告时，许多教师表示他们将带领学生加入到保护生态的行列中，争取到新疆亲眼看看这些可爱的野生动物。报告会后，老师们争着购买冯刚带去的《中国生物圈》，有一位老师一次就买了8本。在北京，冯刚与赵忠祥终于相见，正是赵忠祥最早在中央电视台"人与自然"节目中向亿万观众介绍了冯刚这位"走进自然的人"，这次老友相见，都十分高兴，赵忠祥特意为冯刚签名赠书，以资留念。

　　8月3日，冯刚的"金旋风"驶进了上海动物园。骄阳下，来自新疆戈壁滩的野生动物们的照片，竟比笼子里的动物更加引人入胜。走过展板，上海市民纷纷驻足观赏，犹如走进了那片遥远而神秘的西部奇美世界。

　　上海是冯刚的故乡，因此，上海的新闻界格外关注这个将青春奉献给了西部的"上海儿子"。

　　8月12日，"新疆野生动物保护宣传汽车万里行"宣传摄影展在广州动物园举行，广州市民冒雨参观了影展。冯刚反复向观众介绍着他所拍摄的各种野生动物，诉说着他与动物的缘分。"了解野生动物，才能保护它们"，这是冯刚一路谈论最多的话题。

　　在广州，当记者问冯刚最想说什么时，冯刚说："早就听说广东人什么都敢吃，天上飞的只有飞机不吃，地上带腿的只有桌子不吃，所以特别希望广东的朋友们嘴下留情，加入到保护野生动物的行列中来，和地球上所有的生物和谐相处。"

　　"请嘴下留情！"这是冯刚一路呼吁最多的内容。沿途，凡走进餐馆和加油站，他必定会向老板和顾客发放宣传资料，呼吁"嘴下留情"，希望人们不食野味，野味不要再进餐馆。

　　从北到南，冯刚一行处处都受到了热情接待。华南濒危野生动物中心和著名动物学家江海声，不仅在广州，还在香港为冯刚今后能拍摄更多更好的野生动物照片争取经费支援。冯刚在广东的4个学生，在对老师进行精神鼓励的同时，每人还分别为老师捐助3000元。

　　冯刚所到之处的新闻媒体，对他和他的"新疆野生动物保护宣传汽车万里行"都给予了极高的评价。可以说，新疆的野生动物从未像现在这样，在这么大的范围里，这么多的人群中亮相。正像冯刚所说的那样："人类与动物的敌对是由于不了解，人类了解了野生动物，便不会再去伤害它们。此行的意义在于让更多的人了解新疆的野生动物。"这是冯刚对新疆野生动物的又一大贡献。

新疆北部遭受特大雪灾，"白色恐怖"笼罩着卡拉麦里。生活在卡拉麦里的野生动物们，由于缺草少料，饥寒交迫，倒毙于雪野的不计其数。望着一只只蜷卧于冰雪之中的鹅喉羚等珍稀动物，冯刚心疼得泪如泉涌，他大声疾呼：

"老天爷为什么这么冷酷无情，谁来救救这些大自然的生灵呢！"

当地政府和牧民纷纷将珍贵的草料运往卡拉麦里灾区，置放在野驴、鹅喉羚们出没的地方，有的哈萨克牧民还收养了不少走投无路误闯人畜家园的野生动物。这一切，都令冯刚感动不已："政府和老百姓的环保意识果然都增强了，这也是野生动物朋友们之幸啊！"

多年来，作为一种纯个人行为，冯刚为了野生动物付出了巨大代价。他购买照相器材和汽车，先后投资累计数万元巨资，这对有着一双儿女的冯刚夫妇来说，无异于倾家荡产！"钱从哪里来？借！"冯刚说，"反正亲戚也多，一个人跟前借一点，也能凑不少！另一个就是挣，我们夫妇俩都代课、兼课、搞家教，挣多挣少总是劳动所得，即使多买几卷胶片也行呀！"

十几年来，冯刚在拍摄实践中也总结出了一套自己的经验。开始野外拍摄，他采用的是传统拍摄方法——跟踪拍摄。因为野生动物的警觉性非常高，人几乎很难接近到它们 400 米以内的范围，而且冯刚当时因为缺少资金，也无法给自己添置更长焦距的镜头，再加上夏天时的高温，拍摄动物很容易产生虚影。

冯刚第十次进入卡拉麦里拍摄蒙古野驴时，他找到了水源地。于是他就在水源地附近埋伏了下来，等待野驴自己来到镜头前面。为了不惊动野驴，他还找了一些树叶、树枝等将自己和相机掩护起来。这一次，他拍摄到了 100 米以内的野驴照片，照片效果异乎寻常地好。于是，这种由他自创的"伪装潜伏拍摄法"成了以后野外拍摄的常用法宝。

冯刚总结这套拍摄方法有两个优点：一是能与野生动物之间距离更近，拍摄出的照片清晰度更高，动物的神态能表现得更加生动；二是能有效地保护野生动物。

12 年来，冯刚几乎没有一天空闲，他每天都有课，最多时一天上 8 节课。

冯刚的妻子郑蜀湘，是一位典雅、文静而通情达理的中学音乐教师，她包揽了几乎所有的家务，支持丈夫去"折腾"。家有贤内助，社会各界也很支持他。早在 1998 年 7 月，乌鲁木齐市教委就拨出两万元专款，设立了"冯刚野生动物基金"，自治区环保局还免费为他上了国际互联网。

"关心野生动物是全社会的事，我一个人有多大能耐？"冯刚说，"将个人行为转化为社会行为，是我最大的心愿。让我们都来关心和热爱我们人类最后的朋友——野生动物吧！"这是冯刚说的最多的一句诚心话。

普氏野马,卡拉麦里荒漠不可冒犯的精灵

野马之死,轰动一时的新闻

2007年8月24日,新华网一条《新疆警方悬赏万元缉拿撞死普氏野马肇事者》的新闻轰动全国。新疆森林公安部门23日宣布,悬赏两万元征集撞死两匹普氏野马的线索和目击证人。原来,8月15日和17日,新疆野马繁殖研究中心两匹普氏野马相继在216国道312千米处和330千米处遭遇车祸死亡。公安机关调集了车祸发生路段附近收费站的图像资料,对事发时间段通过的车辆逐一排查,同时展开多方调查。

2008年1月11日上午11时许,新疆警方在接到举报后,经过缜密侦察,迅速赶到由举报者提供的地址——玛纳斯县包家店镇沈某家,警方整整蹲守了4天4夜,终于将刚从内地出差回来的沈某抓捕归案,并连夜审讯。沈某就是去年轰动全国的车撞野马的第一个肇事司机,他撞死的也就是5匹遭遇车祸的野马中的第一匹——51号野马。

据沈某交代说,他是玛纳斯县某公司的一名货车司机。去年8月15日晚上,他开着半挂车在国道216线由北向南行驶时,正跟车上的人聊着野马,突然就跑出了一匹马,因为是下坡,车速又快,还没来得及踩刹车就撞上了。货运车的右大灯和保险杠也被撞坏。因为害怕承担责任,沈某迅速逃离现场。他说自己本来想自首,但看新闻后得知,撞死野马的赔偿金很高,因此打消了自首的念头。他家有两个孩子在上学,妻子收入也不高,家庭收入几乎全都靠他。据警方了解,事发后,沈某给公司汇报说自己撞死了一头牛,车辆修理费由保险公司承担。

2007年8月17日,第二匹野马被撞。这是一匹不到1岁的小野马,后腰脊柱被撞断裂。在整个抢救过程中,救援人员看到,小野马瘫倒的不远处,它的族群一直守望在那里。这个群落的头马117号种马,始终回望自己受伤的孩子,迟迟不肯离去。小野马用两个前蹄在那儿扒拉,就是站不起来。日近黄昏,在停止呼吸之前,小野马掉了好多眼泪,在场的所有人都不忍心再看下去。

2007年9月1日凌晨1时左右,又一匹放归的普氏野马在新疆216国道上遭遇车祸殒命,这是半个多月来,死于车祸的第三匹野马。1日上午10时,阿勒泰地区森林公安局接到新疆卡拉麦里自然保护区林业派出所的通报,1个多小时后,警方就在北屯市至阿勒泰市之间截获了肇事车辆和司机。这匹被撞的野马当年年

初才出生,保护区管理部门尚未给它编号。

2007年9月8日清晨6时,那匹刚失去孩子的野马群的头马117号种马又在216国道上被当场撞死,这对于这个野马家族近乎是灭顶之灾。由于案件发生时,有过路司机目击到了肇事车牌号,警方在当天就抓捕了两名肇事逃逸的司机。

2007年10月6日下午5点左右,一匹4个月左右的普氏野马再次在216国道325.3千米处被一辆拉牛羊的白色福田货车撞倒,伤势严重。这已经是去年8月15日以来第五匹在216国道上被撞的野马了,好在它没有当场死亡。

短短三个月内5匹野马相继被撞,这不仅令人震惊、惋惜,更令人愤怒!因为普氏野马是世界上存活的惟一野马,保留着马的原始基因,具有重要的生物学研究意义。全世界目前只有1400多匹,被誉为"比大熊猫还要珍贵的动物"。民警称:司机是过失还是故意,需要司法部门进一步确定。

2007年9月8日清晨撞死117号种野马的司机杨某,是陕西人,受雇于乌鲁木齐的一名个体车主。他当天驾驶着一辆半挂车,准备从乌鲁木齐市前往富蕴县拉货。在被抓捕后他痛不欲生地说:"我知道闯了大祸,吓得手脚都软了。"

导致第三匹野马死亡的肇事司机哈某,54岁,是个有着30年驾龄的老司机,一向开车小心谨慎。据他说,自己当时开了辆新车,天还没有亮,迎面来了一辆车,开着灯,让他看不清前面的路。这时他迷迷糊糊觉得有个东西突然跑上了公路,还没来得及刹车就撞上了。他知道撞死野马是天大的事,吃罪不起,已经向有关部门缴了22万元。"可能我一辈子都还不清这笔钱了!"他连声叹气,后悔莫及。

在先后抓获3名撞死野马的肇事司机后,警方感到的却是无奈,因为依据现有法律,竟然无法对肇事者进行惩处。新疆森林公安局法制科科长马学军说:"交通事故有明文规定,但是在森林和野生动物的范围内,司法解释和法律条文都没有具体的解释。森林公安局的职责是保护野生动物,在公路上撞死野生动物我们却没法处理。"

"说这个行为触犯了刑法吧,又够不上;看起来是交通肇事案,可是严格来说,也够不上,珍贵的野生动物被撞的法律空白让我们很难处理。"阿勒泰地区森林公安局局长韩志栋也无奈地对记者说。

交通肇事撞死国家珍稀野生动物到底该承担怎样的法律责任?根据国家有关规定,普氏野马作为国家一级保护动物,它的赔偿是按照资源管理费的12.5倍计算的。也就是说,经过初步核算,野马的资源管理费是6万元,那它的实际赔偿价值就是81万元(资源管理费+资源管理费×资源管理费的赔偿倍数)。这是有关赔偿的惟一法律依据。然而无论怎么说,野马的价值不能只用金钱来测算,它们的生命也是无价之宝啊!肇事司机们面临的不仅是81万元(后来降为75万元)的巨额赔偿,很可能还要负刑事责任,因为他们还牵涉"肇事逃逸"。

野马祖先,辽远西部的草原精灵

关于新疆普氏野马的记载,始见于《周书·穆天子传》:周穆王西游东归时,西王母送周穆王"野马野牛四十,守犬七十,乃献食马"。明代大医学家李时珍的《本草纲目》里也有这样的描述:"野马似家马而小,出塞外,取其皮可裘,食其肉云如家马肉"。据史料记载,西周时人们就开始捕杀野马,充当食物和礼物。直到元代成吉思汗率兵西征经准噶尔盆地,杀害野马已视为衡量是否是壮士的重要标志。契丹诗人、元代有名的政治家耶律楚材所吟咏的"千群野马杂山羊,壮士弯弓损奇兽",便是当时野马种群繁盛一时的真实写照。

我们可以想象的到,辽远的西部草原,水草丰美,一望无垠,在晶亮如银的阳光下,秋风劲吹,猎猎作响,一波一波丰茂的牧草海浪一样汹涌澎湃,此起彼伏。就在牧人和他所放养的牛羊和马群之外,另有成群成群矫健骏美的野马形成一个自由王国,奔驰、嬉戏在无边的草原上……那是一个何等壮观、撼人心魄的场景啊!

普氏野马属大型有蹄类,体长 220~280 厘米,肩高 120 厘米以上,体重 200 多千克。头部长大,颈粗,其耳比驴耳短,蹄宽圆。整体外形象马,但额部无长毛,颈鬃短而直立。夏毛浅棕色,两侧及四肢内侧色淡,腹部乳黄色;冬毛略长而粗,色变浅,两颊有赤褐色长毛。它是世界目前惟一真正的野生马种,也是新疆土生土长的野生动物。

据科学家考证:普氏野马原产于我国新疆的准噶尔盆地和蒙古人民共和国的干旱荒漠草原地带,因此又被称为准噶尔野马或蒙古野马。

它有 6000 多年的进化史,是目前地球上惟一存活的野生马,保留着马的原始基因,具有别的物种无法比拟的生物学意义。然而,它的学名为什么是"普热瓦尔斯基马"(简称"普氏野马")呢?原来,早在 1878 年,沙俄军官普热瓦尔斯基率领探险队曾先后 3 次进入准噶尔盆地奇台至巴里坤的丘沙河、滴水泉一带,捕获、采集野马标本,并于 1881 年由沙俄学者波利亚科夫正式定名为"普氏野马"。

由于普氏野马生活于极其艰苦的荒漠戈壁,缺乏食物,水源不足,还有低温暴风雪和狼群的侵袭及人类的捕杀。而人类的捕杀和对其栖息地的破坏,更加速了它的消亡进程。在近 1 个世纪的时间里,野马的分布区急剧缩小,数量锐减,在自然界濒临灭绝,因此被列为国家一级保护动物。目前,普氏野马在世界上仅存 1300 多匹,数量比大熊猫还要稀少。

1986 年 8 月 14 日,中国林业部和新疆维吾尔自治区人民政府组成专门机构负责"野马还乡"工作,并在准噶尔盆地南缘的新疆吉木萨尔县建成了占地 6003 平方千米的亚洲最大的野马饲养繁殖中心,同时花巨资从德、英和美等国引进了 18 匹普氏野马,开始进行人工繁育,从而结束了野马故乡无野马的历史。目前,生

活在卡拉麦里自然保护区的野马群,皆是人工繁育放生的。

强悍高傲的野马祖先绝对没有想到,若干年后自己的后代将面临灭绝的边缘;更没有想到自己这群野孩子,还会受到曾经深深伤害过自己的人类的悲悯和护佑。对于野马来说,这不知是悲剧呢,还是喜剧?是应该仇恨呢,还是应该感激?

野马部落,神秘感人的情爱故事

野马虽是野生动物,他们却不但有语言、有智慧、有情爱,还有组织原则和社会分工,甚至有意识和思想。

野马的家庭是典型的"妻妾成群",只能有一匹成年公马,这是野马避免近亲繁殖的一种基因遗传特性。因此在人的视野里,野马被人为地分成两大群落:"繁殖群"和"逍遥群"。繁殖群往往由一匹强壮的成年公马为首领,下辖若干匹母马和自己的子女,共同组成一个大家庭。作为一家之主的公马,它要带领全家觅食饮水,站岗放哨,保护妻儿老小的生存和安全。在春季发情期期间,还要负有与众妻妾交配、繁殖优良后代以扩大野马种群数量的重要任务。"逍遥群"的野马,则由不适合当种马的公马、被淘汰的种马和性成熟后被繁殖群首领轰出来的小公马组成。它们都是好朋友,平常一起吃草,一起喝水。遇到危险就围成一个圈,屁股朝里,马头向外,随时准备应敌。纯粹是"为了活而活着",享受阳光、美食和娱乐。按说,这样的生活是够逍遥快活的了吧?可是它们并不满足,更不肯服输。它们中的大多数很少有机会和母马恋爱,所以要时不时地来抢夺母马。抢母马时它们也一起来,体格最健壮的,冲在最前面,直到取得成功!

野马的社会性和等级观念很强,但这种等级既不是按血统继承,也不是由谁指派任命,完全是凭实力打拼出来的。这种本能可以使野马永远保持野性,还能为人们筛选具备优良基因的公马做种马提供参考。因此,"逍遥群"也有一匹被公认的"老大",它往往纠集一群公马占山为王,并由其它小头目各自拉帮结伙,组成四五个小团体,互相竞争和淘汰。这还真有点人类的"黑社会"性质呢!

每年3~4月间,卡拉麦里荒野还是一片风刮残雪,春寒料峭,野马却早早就开始了它的恋爱季节。

还在圈养时,季节一到,精力过剩的公马们就显得异常兴奋。它们或奔跑踢咬,或公然挑逗,向怀春的母马表达自己的爱慕之情。比如这么一个故事:有匹漂亮小母马跟另一位"有妇之夫"好上了。它们整天耳鬓厮磨,边走边亲热,竟然在围栏两侧踩出了两条平行的"爱情小路"。但"蜜月"一过,这位多情的花花公子就冲围栏外别的小母马挑逗,一下子就踢翻了小情人醋坛子,惹得她妒火中烧,拿出看家本领对"负心汉"连踢带打。但久而久之她也安静了下来,因为她的打闹不但起不了什么作用,反而使情郎更疏远了自己。"男人都一个德性:喜新厌旧。吃着碗里,看着锅里。由他去吧,哼!"它终于"顿悟"和想开了。

放野后,野马在自己的伊甸园里更学会了自由恋爱。在从春到夏约 5 个月的时间里,由七八匹公马主演的"爱情连续剧",集集精彩。带着马群的种公马,隔两三千米就能敏锐地感觉到其它公马的接近。每当这时,它就会旋风一般地冲上去与潜在的情敌决斗。只见两匹公马腾空而起,四只前蹄在空中对打,嘶鸣声、撞击声惊天动地。打完了再撕咬,撕咬不解气还要狠狠地踢。最后,肯定是强者胜,但它仍不轻易放过败北的弱者,直到追得它不敢再在附近露面才肯罢休。旷野里惟一的那群母马,就是他们抢夺的目标。

有这么一个传奇故事。一匹是年轻强壮的公马,游离于野马群落之外,它的终极目的就是为了撼动野马"老大"的显赫地位,取而代之。它看上去显得非常凶悍好斗,有空就找"老大"挑衅,而且它在成长中一天天变强壮起来,离最后的胜利也似乎越来越近。可惜,一次在和"老大"较量时,双方都受了重伤。险胜的它失败后独自进山养伤,打算养好伤后再报仇雪耻。另一匹母马,不慎生了一匹体弱多病的小马,这匹病马对于马群来说简直就是一种负担,为了自己和马群的整体利益,种公马作为父亲,对自己的孩子选择了无情地遗弃。母马却为了照料自己的亲骨肉,竟然义无返顾地选择了脱离马群,独自带着小马默默地离开。这就意味着它将不得不独自面对命运的挑战和大自然无情的考验。

这两匹特立独行的野马最后竟组成了一个新的家庭。它们平静地行走在茫茫无际的卡拉麦里荒漠,沐浴着晨辉夕照,风霜雨雪,钟情不改,令人无不为之感动。

还有浩空一家。浩空是一匹英俊、强健而且责任心极强的公马。它的"王后"是娇小靓丽的紫萱。其余的除了三妻四妾,便是子女。浩空很爱自己成群的妻妾和子女,为它们尽着好丈夫和好父亲的天职。然而,它也很残忍,曾经蓄意杀死了紫萱与前任丈夫"11 号"所生的子女,紫萱为此奋起搏斗过,但最终也没能阻止丈夫凶残的本性驱使。在这一点上,野马与狮子、老虎、豹子和猴子等动物相近,都千方百计要杀死别的雄性动物的子女,以保护种群的血统"纯正"。浩空因体能消耗过大,早于 2002 年 3 月去世。紫萱为此忧伤了好久。接替浩空"王位"的是一匹年青健硕的公马。新任丈夫初来乍到,紫萱正在为前夫守节,任凭新郎如何引诱、挑逗,它都一副冷若冰霜的神情,拒其于千里之外。直到某一天,新郎采取野蛮手段与其强行"圆房"后,紫萱才一改往日的傲慢和矜持,开始紧随其前后,卿卿我我,形影不离。

在卡拉麦里,常常可以看到这样的情景:夏日正午的戈壁滩上,地表温度高达40℃以上,热得沙土和野草都快要冒烟儿。野马驹生性喜欢晒太阳,但它们毕竟年幼无知,常常不知不觉中被烈日晒晕,乃至晒死。母马最怕这个,因此每当儿女晒太阳时,它们则站在儿女身旁,用高大的身躯挡住直射过来的阳光,雕像一样一动不

动地为孩子遮阴。

两匹小马驹在远处顽皮、打斗,母马便"呃,呃……"地发出一阵阵焦灼的长嘶。两匹小马驹听到母亲的招唤,便停止打闹,一前一后地往回走。见孩子回来了,母马马上发出另一种"欢儿——欢儿——"的叫声,声音充满了喜悦和快乐。

野马放生,未来繁衍的最好方式

野马如果一直生活在温饱无忧的野马饲养繁殖中心,将会面临三大危机:一是由于野马中心的整个马群都是上世纪从国外引进的 18 匹野马的后裔,近亲交配的阴影一直笼罩在野马群头上。这使野马群身高变矮、奔跑乏力、耐力变差;二是如果亲缘关系太近,会导致基因链崩毁,物种灭绝,况且野马中心有部分野马的野性已大大流失,变得喜欢与人类接近、嬉戏,有被彻底驯化沦为人类宠物的可能;三是由于长期温饱无忧,没有天敌,逍遥自在,养尊处优,加之圈养场地狭小,野马变得臃肿肥胖,大腹便便,促使野马素质降低,体力下降,也威胁着这一濒危物种的存在。要想彻底解决这些忧患,最好的也是惟一有效的办法就是——野放。人类应该让野马回到自然,在与严酷环境和种群内外的斗争中不断恢复和提高其野性,才有维护和延续这一物种的希望。

普氏野马放野不但是中国四大野生动物保护工程之一,也是世界野生动物保护的一件大事。放养的季节和区域是否有利于野马的生存、繁衍,都需要作出慎重的抉择。在此之前,国外曾经做过一次野放试验,结果失败了。因此,中国新疆普氏野马的放养试验,自然引起了全球环保人士的关注。专家们经过多方考察踩点,建议选择位于准噶尔盆地东北边缘乌伦谷河南岸的卡拉麦里山,作为最佳的野放地。因为那儿有九处水源地,也是普氏野马最后消逝的地方。

2001 年 8 月 25 日上午 11 时正,普氏野马野放开始。所有在场的人们无不怀着激动的心情,等待着观看野马冲出圈养地奔向大自然的壮观场景。然而,围栏打开后,被放野的 27 匹野马却似乎并不领情,它们围成一团,面面相觑,不肯行动。这时,只见一批身着橄榄绿的武警战士,每人挥一面小红旗进入围栏,手挽手结成人墙,开始有序的驱赶。野马恐怕生来就没见过这么多人,显然更受惊了。马群在公马的带领下,忽而奔东,忽而奔西,懵懂乱闯,急得人们大呼小叫。野马们左冲右撞了好大一会儿,这才发现敞开着的栅栏门,由公马领头不顾一切地闯开武警战士结成的人墙,冲出围栏,朝西北方向狂奔而去,留下了滚滚沙尘……那一幕壮观的情景,看得人热血沸腾,心跳加速。

野马逃离了围栏,如人生获得了自由,如囚徒获得了新生,这是多么值得庆贺的事啊!然而,未来的野马,面临的将是怎样的挑战和困境呢?人们又不由不深深地担忧。

好在6年弹指一挥间。经过6年的野放生活，曾经流离失所的普氏野马在它们的故乡——新疆卡拉麦里山有蹄类自然保护区已经形成了相对稳定的普氏野马野生种群。自2001年8月首次放野以来，已经有三批(55匹)野马自由驰骋在"原生地"的戈壁荒漠上。野放野马的种群不断扩大，孕育在野外的第二代、第三代小马驹开始陆续诞生在野外。

新疆野马繁殖研究中心通过持续的跟踪发现：截至目前，完全野化生存的普氏野马已经繁殖了36匹小马驹，繁殖成活27匹，平均繁殖成活率达到70%。据新疆野马繁殖研究中心主任曹杰说，去年下半年放野的一个野马种群，已经远离了原来的野放点，深入到卡拉麦里山有蹄类自然保护区的核心区域西部，活动在离野放点120多千米的沟谷地带。此间正在进行野马国际联合科考的动物学家、地理学家和生态学家们，通过最新的卫星遥感地图也寻找到了野放野马的活动轨迹。野放时为野马佩戴的GPS项圈，可以帮助科学家们掌握野放野马的行踪。野马中心工作人员曾试图根据GPS定位的野马项圈接近野放野马，可是在距离曾经的"保护者"和"繁育者"数百米外，野马就如闪电般地飞奔离去。欧洲区普氏野马繁殖计划负责人、德国科隆动物园园长孜莫曼女士曾告诉记者，新疆卡拉麦里山有蹄类自然保护区已经形成了相对稳定的野马野生种群。野马已经逐渐远离了保护者的影响，开始了它们新的自由自在的生活。

野马天敌，不仅仅是狼及其同类

卡拉麦里荒原没有老虎和狮子等食物链顶端的大型食肉动物，也鲜见有雪豹和熊等，但是有狼。喜欢团队合作捕获猎物的狼，也许是野马最可怕的天敌。

在卡拉麦里荒原深处的野马野放点，有一栋"白房子"。

别以为这儿所说的"白房子"，跟作家高建群笔下的那栋"遥远的白房子"一样奇异浪漫，充满诱惑。其实，它只是一栋简陋的土坯房，里面分一大间，一小间，大间住人，小间做厨。"白房子"长年累月只住着卡拉麦里自然保护区管理站的4个管理员，俩人一组每月轮换一次。这栋遥远的"白房子"，既没有电，没有电灯、电视，手机一到这儿就失去了讯号，这儿真正就像是回到了洪荒年代。这几位坚守"白房子"的人，白天驱车或步行数10千米，去观察野马；夜晚则躺在无边的落寞里，倾听大自然的天籁之声和野狼的嚎叫……

狼常常成群结伙，为了捕食裹腹，可以长时间死死盯住一个目标不放，伺机做案。"白房子"孤零零矗立在茫茫的戈壁滩上，早为卡拉麦里的狼群所觊觎和窥视，尤其里面进进出出的几个活生生的人，更令他们垂涎三尺了。管理员们也早就料到自己已经为狼们所关注，因此不得不日日夜夜时时刻刻处处设防。哪怕是大白天，他们也将吉普车挡在屋门前，且将车门敞开，正对着屋门。门一开，人可以直接钻上

来,免遭善于潜伏的狼群袭击。

连人都敢袭击,更别说是膘肥体壮的野马群了。然而,野放 6 年来,尚未发现野马被人们最担忧的狼攻击的先例,却有 5 匹野马在短短 3 个月间被人活活撞倒。1000 年前,北宋大文学家柳宗元在看到了"苛政"与"老虎"的为害后,得出了"苛政猛于虎"的千古喟叹;今天,当听到狼和车祸对野马的威胁时,我们难道能不发出"车祸凶于狼"的叹息吗?人,才是野马更可怕的"天敌"啊!

5 匹野马的被撞地点,都在 216 国道 328 千米附近。为何独有 328 千米处会成为野马魂归故里的"死亡地带"呢?据介绍,是由于采食点与水源地分别位于纵贯卡拉麦里山有蹄类动物保护区的国道 216 线两侧,生活在此区域内的众多野生动物不得不经常冒险穿越公路。

早在野马首次野放选址时,林业部门就已经考虑到了国道对野马的影响。然而,要再找一片水草相对丰美的区域实在是太难了。1990 年,建成通车的 216 国道把保护区内的洼地分成两半,路基两侧成为水源充足的低点。野马为了采食路基两侧的饲草,有时在一个小时内就要横穿公路达 5 次之多。

接连损失 5 匹野马,令新疆林业局野生动物保护处的朱福德处长非常难过。他将野马在国道上频繁遭遇车祸归结为 3 方面原因:第一,216 国道经过 2005 年重修投入使用后,没有设置限速标志,车辆速度一般在每小时 100 千米以上。公路路基坡度过高,野马成群活动时遇到危险没办法直接冲到路两边。第二,下雨后国道两边野草丰盛且有水源,野马往往会横穿马路。第三,很多游客在前往阿勒泰旅游时,路过野马野放区时大多会停下来与野马合影,甚至是抚摸野马,导致很多野马不怕人,没有危险和躲避意识。对此,朱福德处长建议:在野生动物经过的路段设置限速标志和减速带以及动物经过的警示标志,司机在这一路段行驶时自觉减速,注意过路的野马。同时,考虑给野马固定的水源地,避免野马横穿马路。

2007 年 9 月 22 日,两块"野马野放地,请减速慢行"的警示牌,被高高地竖起在 216 国道 300 千米和 320 千米处。明确要求车辆经过野马野放区时,限速每小时 50 千米。新疆交通部门一位负责人告诉记者,为了野马等野生动物的生存、迁徙安全,交通部门投资修建了公路野生动物迁徙通道和安全标志设置,以避免野马等珍贵动物被撞身亡的悲剧不断重演。

除设置保护动物的警示牌外,新疆交通部门还在国道沿线新增了 8 块"保护动物"的告示牌、16 块禁令标志牌,并新画出减速标线 12 组 242 平方米,8 枚太阳能双闪灯也开始正常工作。在 216 国道沿线,根据普氏野马和其他野生动物穿行规律设立的专用通道——4 座小桥和沿线路基两侧增设的铁丝网一应俱全,这些都是交通、公路和林业部门工作人员为野马等野生动物精心准备的。

"保护区的工作人员会开着车沿 216 国道来回巡视,我们将通过对野马等野生动物进行导向指引,使它们能从桥下安全通过国道。"新疆野马繁殖研究中心野放站站长王臣说，"对珍稀野生动物的保护不能够以罚代管，简单了事，必须从源头上抓起，防患于未然，并形成良好的公众保护意识。

216国道依然车来车往，普氏野马的生存危机依然没有解除。一个世纪前，因为猎杀，它们曾在这里消失，如今又面临灭种的危机。面对一匹又一匹倒在车祸中的野马，我们不能就这样束手无策，或仅限于做"亡羊补牢"的善后工作。因为普氏野马是珍稀的荒原生灵，是中国最后的一群野马。

普氏野马，和一位年轻女记者的至深情缘

多年来，围绕着普氏野马的坎坷命运，诞生了无数可歌可泣的故事。而一位年轻女记者与普氏野马的传奇情缘，更值得我们传述……

初识野马，结下了不解之缘

作为报社女记者的戴江南，初看娇小玲珑，一副弱不禁风的模样，但那身显然与这座都市初春的气氛不太和谐的行旅装束，和那顶随意扣在脑门上的滑稽的鸭舌帽，让人一眼就可以断定：这是一个过惯了野外生活的天涯浪迹者。确实，戴江南刚从遥远的阿尔金山保护区采风回来，征尘未洗又"野性"复发，准备赶赴卡拉麦里，去看望她日夜牵肠挂肚的"梦中情人"——普氏野马。戴江南与普氏野马的情缘，则缘于一次偶然的机遇。

那是 2000 年 7 月的一天，戴江南来到自治区林业局采访，野生动物保护处的同志在向她介绍新疆野生动物保护情况时，感叹新疆野马繁育中心人工繁育的 100 多匹普氏野马，因为缺少经费生活正陷入困境，他希望通过媒体的呼吁，引起全社会的关注。尽管当时的戴江南对普氏野马知之甚少，但她毕竟和野马有过一面之缘……

与普氏野马第一次见面是在 2003 年 3 月，有位野生动物爱好者从偷猎者手上花高价买了一只被捕获的猎隼（国家一级保护动物），送到乌鲁木齐市动物园。动物园特意将这只猎隼等一批野生动物，带到野外放生，戴江南作为记者也应邀前往。这次放生的地点恰好就是在吉木萨尔县境内的新疆野马繁育中心。当时，戴江南对这个野马繁育中心并没特别关注，留给她的最初印象是茫茫无垠的戈壁滩上，有一大圈木栅栏，栅栏里圈着一群颈背棕褐、鬃毛短而直立，和家马大小近似的马匹。有人告诉戴江南说，这就是濒临灭绝的普氏野马。然而，戴江南从它们胆怯、羞涩的眼神和温顺、平和的行为中，并没看出它们"野"在哪儿呀！大家说，这也许是长期圈养磨灭了野马的野性，就跟动物园里的老虎、豹子们一样。在那几排简陋的破房子前，只见一个枯瘦、猥琐的牧羊老汉，吆喝着他那群沉默不言忙着啃草的羊，晃来晃去，更显得荒僻、落寞……

林业局的同志忧心忡忡的神情和诉说，陡然唤起了戴江南对野马繁育中心和那群野马的记忆。记者的职业敏感和责任心，促使她回到报社后连夜加班赶出《普

氏野马没生活费了》这篇新闻稿，并很快见报。

稿件发表后，非但牵动了社会各界的心，也受到了国家林业局的重视。野马生活费的问题很快得到解决，记者戴江南自然功不可没。这是戴江南当记者以来所写的首篇关注普氏野马的稿件，也使她从此与普氏野马结下了不解之缘。

野马放养，牵动着女记者的焦灼情怀

2001年5月，迟到的春天给远离海洋的辽远新疆披上了一层淡淡的绿装。艳阳高照，乍暖还寒，一支由专家和新闻记者组成的科考探险队，从乌鲁木齐浩浩荡荡向北向东进发。戴江南参加了这次名为"准噶尔盆地科学考察探险"的行动。在历时一周的科考探险中，戴江南不但首次踏进了准噶尔盆地神秘奇幻的亘古荒原，走过了迷人的五彩湾、古尔班通古特沙漠、卡拉麦里自然保护区和罕见的硅化木园，还再次来到了新疆野马繁育中心。

这次科考探险，戴江南最大的收获不仅仅是开阔了眼界，而且还有幸结识了像谷景和这样在国内外都有影响的野生动物保护专家，并从他那儿得到了不少关于野生动物的知识，尤其加深了对普氏野马的了解和感性认识。

那天下午，当他们一行风尘仆仆赶到此次考察的最后一站——新疆野马繁育中心时，面对茫茫戈壁滩上夕阳辉映下落寞而又简陋的野马中心，中国科学院新疆生态地理研究所研究员谷景和老先生禁不住喟然长叹道："这可是亚洲第一、世界第二大野马繁育中心啊！"戴江南闻之一震，忍不住以怀疑的口吻反问："是真的吗，谷老师？"

"你不相信？"年逾七旬的谷景和先生苦笑了一下，指着在栅栏中像人类婴儿一样羞怯地望着众多来客惊惧不安的野马群，语气沉重地说："江南，你是不是觉得这个地方又荒凉，又简陋，不配称为亚洲第一、世界第二？不！正是我们这个野马中心，短短十几年就繁育出了100多匹濒临灭绝的普氏野马，保留下了这个地球上最后的珍稀种群。为了使这一种群能够适应恶劣大自然的严酷挑战，靠自身继续繁衍生息，今年还决定野放呢！野放野马的重大意义，就在于能让它们回归属于他们自己的家园，从而结束100多年来的人工放养生活……"

谷景和先生的这一番话，对于初识普氏野马的年轻女记者戴江南来说，就像在茫茫的旷野上突然辟出了一条崭新大道。她的思路陡然被拓宽，敏锐地感到原来自己并没当回事的普氏野马，大有文章可做啊！戴江南当即就普氏野马的历史、现状和未来命运，对谷景和先生进行了认真采访。回到乌鲁木齐后，很快就发表了长篇专访报道《八月普氏野马野放》。

这不但是戴江南真正关注普氏野马的系列长篇报道的开篇，也是全国媒体关于普氏野马野放的破题之作。文章见报后，来自读者的热情关注一度令报社应接不

暇,而戴江南冥冥中也感到自己与野马结下了某种天缘,她决定将对普氏野马命运的关注,作为自己采访生涯最重要的一项课题,无论遇到什么困难和阻碍,都要坚持不懈地做下去。

普氏野马放养是件大事,放养的季节和地方是否有利于野马的生存、繁衍,都是需要慎重抉择的。根据对专家的采访和查阅相关资料,戴江南在报道中预测了好几个地方,但她认为最有可能的野放点应是位于准噶尔盆地东北边缘乌伦谷河南岸的卡拉麦里山。因为那儿有九处水源地,也是普氏野马最后消逝的地方……

然而,对于蒙古普氏放养的具体时间和地点,戴江南死盯着自治区有关部门,三天两头打电话询问。也许是她这个初出茅庐的小记者过于"热心",问来问去把人家问烦了,有人语气冰冷地推辞说:"你别打听了。到时候我们只带中央和全国有影响的媒体记者去野放地,疆内媒体只有一家,就是新疆电视台。"这对刚开始热心关注野马命运的戴江南来说,就像当头泼了一瓢冷水,凉得她半天没缓过劲来。

跟踪追击,亲历惊世场景

待冷静下来认真思考后,戴江南暗自横下一条心:野马放生那天,我非去不可!于是,她开始追着在自治区林业局的"关系户",天天打探消息。终于有一天,一位好心的朋友悄悄告诉她:野马具体的野放时间是8月28日上午。届时国家林业部有关领导、国内外知名专家和各大媒体记者将云集乌鲁木齐屯河大酒店,当日上午5时正式出发……

戴江南又激动,又兴奋,又担忧。激动的是,终于等到野马野放的这一天了;兴奋的是,有人告诉了她这一"封锁"甚严的消息,她可以亲临现场采访了!惟一担忧的是,人家并没有邀请自己和自己供职的报社去,即使自己想偷偷跟去,也没车呀!从乌鲁木齐到卡拉麦里,来回千余里呢!报社虽然支持自己去采访,可也不能为她派专车呀!戴江南急得抓耳挠腮,坐卧不宁。突然,她想起晚报有个关系挺铁的同行,他也许有办法?

戴江南拨通了那位同行的电话,故弄玄虚地卖了个"关子":"哥们!我给你提供一条重大线索,绝对有价值!不过,老兄你得找一辆车,咱们一道去采访,如何?"那位"铁哥们"一听有重要采访线索,喜出望外,当即满口答应向报社要车,然后与戴江南约好了具体见面时间和秘密行动的细节。

2001年8月28日上午4时许,晚报那位同行开车接上戴江南后,就来到屯河大酒店潜伏在附近的树林带,伺机而动。约5时许,宁静的子夜终于被打破,屯河大酒店内外突然灯火通明,从酒店里走出一群群背负各种行囊的人,喧喧嚷嚷地开始登车启程……

"我们走,跟上!"戴江南一行也驱车跟上前面的车队,踏着黎明前的黑暗一路向北向东，驶出了灯火阑珊的市区。为了避免被发现，他们始终与前面的队保持着1000米左右的距离。

尾随着野马放野的车队，戴江南抑制不住内心的激动。夜色渐褪，曙色初显，车轮滚滚辗过了近5个小时，荒凉神秘的卡拉麦里就在眼前。上午10时许，当戴江南一行的车赶到野放点时，这儿早已是人头攒动，喧声鼎沸，就跟赶集一样。荒原千古的沉寂被打破了！戴江南定睛细瞧，才发现先到的媒体同行，果真清一色是中央电视台、人民日报、南方周末等全国知名媒体的记者。"乖乖，全是大腕！"她和晚报的朋友相互伸了一下舌头，做了个鬼脸，幸好没被人发现。

2001年8月25日上午11时正，普氏野马野放开始。所有在场的人们无不怀着激动的心情，等待着观看野马冲出圈养地奔向大自然的壮观场景。然而，围栏打开后，被放野的27匹野马却似乎并不领情，它们围成一团，面面相觑，不肯行动。这时，只见一批身着橄榄绿的武警战士，每人挥一面小红旗进入围栏，手挽手结成人墙，开始有序的驱赶。野马恐怕生来就没见过这么多人，显然更受惊了。马群在公马的带领下，忽而奔东，忽而奔西，懵懂乱闯，急得人们大呼小叫。野马们左冲右撞了好大一会儿，这才发现敞开着的栅栏门，由公马领头不顾一切地闯开武警战士结成的人墙，冲出围栏，朝西北方向狂奔而去，留下了滚滚沙尘……那一幕壮观的情景，看得戴江南热血沸腾，心跳加速。

"真是太美了，野马群！"戴江南在心里暗暗惊叹。野马放野的瞬间，有许多从未有过的念头，掠过了戴江南的脑际：野马逃离了围栏，如人生获得了自由，如囚徒获得了新生，这是多么值得庆贺的呀，然而，未来它们将面临怎样的挑战和困境呢？

野马野放的仪式结束后，林业局的一位同志这才发现了戴江南，他显然有点吃惊。相视而笑，双方表情都有点尴尬。他招呼戴江南和晚报的记者一起去吃饭，戴江南和朋友客气地婉言谢绝，说得赶回去写稿，报社急等呢！

下午6时许，几乎一天一夜没合眼的戴江南一赶回报社，就不顾饥渴劳累，伏案挥笔，赶出了一个头题，和一个整版的专访《大风起兮野马归故乡》。凌晨一点，稿子终于完成了，她这才感觉又渴又饿，又累又困，便下楼去找饭吃。来到附近一家小餐馆，她要了一碗米饭，一盘菜，却一点儿食欲也没有。勉强吃了几粒米，戴江南忽然头晕目眩，竟趴在小饭桌上呼呼睡去……

再赴卡拉麦里，以慰"相思"之苦

普氏野马放野不但是中国四大野生动物保护工程之一，也是世界野生动物保护的一件大事（在此之前，国外曾经做过一次野放试验，结果失败了），自然引起了全球环保人士的聚焦。因此，对中国新疆普氏野马的放养试验，国内各大媒体及海外媒体都做了令人瞩目的报道。然而，野马放养的热潮过后，几乎所有媒体的记者

又都忙于追逐新的热点新闻去了,惟有一位年轻且不太出名的女记者,却比过去更热心更执着更痴迷于普氏野马的追踪报道,她就是戴江南。

2001年11月27日,遥远的阿尔勒山地刚下过入冬以来的头一场大雪。无边的卡拉麦里荒原,一片银装素裹,肃穆苍凉。恶劣的气候,贫瘠的戈壁,枯黄的衰草却始终不断浮现在戴江南的脑海,揪着她那颗善良柔弱的女性之心。戴江南一直牵挂的是那27匹被放生的蒙古野马啊!快4个月了,它们在野外生活可好?冰天雪地的,它们去哪儿觅水?去哪儿找草?寒流袭来怎么躲?遭遇狼群怎么办……戴江南越想越心急如焚,她干脆向报社打了声招呼,一袭行囊就挤上长途夜班车,赶往卡拉麦里。

戴江南毕竟是一个年轻女子,虽然工作起来很胆大,什么苦都能吃,天不怕地不怕,但在现实生活中她很胆小,怕黑、怕鬼、更怕狼。因此,临出发前她给卡拉麦里自然保护区管理站打了个电话,特意叮嘱"管理站晚上别锁大门,大门上的灯要亮着,能照到夜班车停靠的地方……"

卡拉麦里自然保护区管理站设在富蕴县一个名叫"恰库图"的小镇上。子夜时分,夜班车正好经过恰库图镇,此时外面风雪交加,鬼哭狼嚎,戴江南请求司机特意停靠在管理站大门口。她刚下车一脚踏着雪地,就被呼啸而过的狂风打了个趔趄。借着车灯和路灯,戴江南一把推开特意为她留着的大铁门,小跑着奔进管理站熟悉的宿舍区,敲开工作人员小梁的房门,一头扎进去,上牙叩打着下齿,哆哆嗦嗦不及说完一句寒暄的话,就扔下背包,连人带衣囫囵着先钻进被窝,暖了足足半个时辰,才缓过劲儿来。

第二天一大早,戴江南就提出要去野放点看野马,管理站的同志为难地说:"野放点距这儿40多千米呢!现在,又刮风又下雪,路更不好走,等天晴了去也行嘛!"戴江南是个急性子,哪能等?非要马上就走,早点看到她日夜牵挂的野马。见戴江南决心这么大,管理站就热情地联系包车。大冬天的很少有人愿意冒险去那样随时都可能丧命的地方。好不容易联系到一辆213越野吉普车,车主开口就要1000元。费了不少口舌,最后才以800元敲定包车。戴江南知道管理站经费紧张,不忍心让人家为她花这笔钱包车,就爽快地掏了500元车费。

戴江南在管理站的一名同志陪同下,顶风冒雪驱车赶往遥远的野放点。一路上,只见白茫茫一望无际的大戈壁上,积雪没膝,连越野吉普都哼唧着屡闹"罢工"。快到放养点时,他们只好弃车步行,一边往前走,一边举着望远镜四处眺望、搜索。大约步行了三四千米,戴江南从望远镜中突然发现,白茫茫的原野上有一群黑点在游移,她惊叫一声:"野马!我看见野马了!"陪同她的同志也大喜过望,抢过望远镜一看,兴奋地喊道:"是野马!是我们的野马!"

确实是野马!是他们要找的野马!是戴江南心中的牵挂!抑制着内心的激动,戴江南一边悄悄往前走,一边认真地数着,看究竟有多少匹!随着距离的拉近,戴江南清楚地看到，野马们有的正在觅食，有的正卧在雪地上休息，还有的正在嬉戏、耍闹……在这凄清如许的初冬的旷野上，它们并不惊恐，也不畏怯，而是那么安宁、祥和、快乐。

"不多不少，刚好 27 匹！"戴江南终于放下了一直悬着的心。

这次千里踏雪探野马，使戴江南对这种毛色棕褐、性格温顺、富有灵性且又极喜欢与人亲近的濒于绝种的动物，产生了深深的依恋与关爱。她至今仍铭记着这27 匹野马的家族"首领"——公马浩空（戴江南为它起的名字），那双清秀明澈、漆黑如墨的大眼睛。在与浩空长久的对视中，戴江南似乎读懂了它沉默的心灵话语，感受到了它对人类的某种留恋、理解和宽容。而最让戴江南心灵震撼的是，浩空的眼睛所透射出的生命灵光，多像一位智者啊！

戴江南第一次发现了野马的智慧和独特的求生本领。冬天的旷野上，水源都被冰雪封冻，只见公马带着母马，先用鼻子呵出的热气将冰上的浮雪吹去，然后再用前蹄将坚冰敲开，就可以饮用冰下清洁的水了。母马又如法炮制，将这项本领传授给自己的儿女……难怪，普氏野马能在这么恶劣的环境中生存！戴江南亲眼目睹了这一切，禁不住心生敬慕，感慨万端。

从卡拉麦里归来，戴江南发表了她关于普氏野马系列追踪报道的第二篇《野马驰骋在寒冬》，向所有关注普氏野马命运的读者送上了一份情真意切的慰藉。

野马失踪了！她心急如焚，请缨寻找

2001 年 12 月 1 日，戴江南正在报社写稿。"嘀嘀……"，传呼机突然响了。一看留言：

有急事，请速回电话。曹杰

戴江南心里"咯噔"一下：曹杰有急事？曹杰是新疆野马繁育中心主任，他有急事肯定和野马有关！一拨通电话，曹杰主任果然语气焦虑地对她说："江南，你赶紧打的来屯河大酒店，我们等你！"

一到屯河大酒店，戴江南就发现一向乐观豪爽的曹杰主任，此时却神情忧郁，一脸疲惫，旁边还有《南方周末》的一位知名女记者，她手里正拿着刊登有戴江南《野马驰骋在寒冬》的晨报。没等戴江南开口问什么事，曹杰主任就语气沉重地告诉她说："小戴，死了一匹马，一匹小马驹。"

曹杰主任介绍说，"你走后没几天，我们又去看马，还专门拉了一大车苜蓿。到野放点找到马群时，其它的马就像饥饿的孩子见到了面包，争先恐后地扑上去抢草，只有一匹"亚成体"（尚未成熟）的母马，呆在一旁直直地望着我们，一口草都不吃。我们感觉奇怪，以为它病了，或者不饿？谁知，当我走过想抚摸它时，它却掉过身子慢步向前跑去。跑两步，回头来看我们一眼，见我们跟上了，掉头又朝前跑。前面一定有什么情况!我们的心也都紧张起来,便跟着它走。走了大约有 1000 米路,才发现雪地上躺着一匹小马驹。那匹母马见我们围上去看躺在地上的小马驹,才像完成了重大使命似的掉头飞奔向草堆。

那匹可怜的小马驹躺在冰凉的雪地上,一任寒冷的西北风小刀一样刮过它娇嫩的肌肤,却无力站起,只用失神而乞怜的大眼睛望着我们,好像在请求我们快救救它,救救它……这匹小马驹被我们拉回管理站,赶紧请兽医为它诊治,打了好几瓶吊针,但还是没救活……临死时,它的眼睛一直盯着人看,清亮的泪珠就顺着眼角滚过脸颊……真让人难过啊!”

曹杰主任不但讲得凄凉哀婉,而且眼里竟也渗出了闪闪泪光,这怎能不令戴江南柔肠寸断!若不是亲眼所见,戴江南绝不会相信这么一位常年奔走在风沙雨雪和烈日肆虐的戈壁荒漠上铁骨铮铮的汉子,会为一匹野马而伤心、流泪。她一把抓住曹杰主任的手,动情地说:“曹主任,你最近如果去野放点,一定别忘了带上我,我还要去看马。”

当晚,戴江南做了一夜梦,梦里全是野马,野马的欢娱、嬉戏、忧愁、悲伤……

12 月 29 日,曹杰主任又打电话给戴江南,语气沉重地说:“小戴,马群失踪了!”

报社领导得知情况后,立即派车专程送戴江南和一名摄影记者,赶赴卡拉麦里。当戴江南推开保护区管理站的大门时,才发现阿勒泰地区林业局的领导也来了,因为放生的野马集体失踪,对他们来说是件不得了的大事啊!

当晚,所有即将参加找马的人开完会后,都在紧张地准备行装,大衣、皮靴、皮帽、煤油炉、方便面……正当戴江南和大家一样准备武装自己时,曹杰主任走过来,郑重地说:“你明天不要去了!”“为啥?”戴江南发现他并不像开玩笑,急忙连声问:“我为啥不去?为啥不让我去?”曹杰主任耐心地劝慰道:“江南,这次找马恐怕不是一两天、两三天就能回来的。野外条件艰苦不说,还有危险,有狼。再说就你一个女同志,出去确实不方便,我们也没法照顾你呀!”

“我需要你们照顾吗?”戴江南据理力争,争得心情本来就烦乱的曹杰主任火了,大声吼道:“不准去就是不准去,吵什么!你给我在站上好好呆着!”说完摔门而去。戴江南委屈地哭了。

哭归哭,戴江南随队出征的决心已定,自信谁也拦不住她。第二天凌晨 7 点,她提前一个小时悄悄起床,洗梳完毕,整理好行装,便坐在餐厅里的长木凳上等待大家。等了足足一个多小时,大伙儿才陆续走向餐厅,只听曹杰主任在餐厅外叮嘱道:“江南呢?让她好好休息,不准她乱跑啊!”

“人家一小时前就起床了,正在等你们呢!”有人笑着回答。

进了餐厅,见戴江南果然撅着个小嘴坐在长木凳上,曹杰主任无奈笑道:“你呀,真没办法。”

这次寻找失踪野马的队伍,动用了 3 辆越野车,共 15 人。正值寒冬腊月,卡拉麦里荒原上风更冷,雪更厚,路更难走。即使是越野车也走一会儿,喘一会儿,实在走不动了,人只好下来推着车走。实在不行了,就弃车步行。就这样走走停停,寻寻觅觅,赶了大约 70 多千米,才在一个高坡上,远远地发现了失踪的野马群。

终于找到马群了!

然而,大家都抑制着内心的激动,不敢放声欢呼,怕惊吓了马群。大家都在认真地数数,看马匹是不是少了?数来数去,还是发现少了两匹,所有的人心里都像压上了一块沉甸甸的石头,长年就生活在野放点的王振彪,用望远镜仔细地搜索着,搜索着……他发现不远处的一道沟壑里,有一片枯黄的芨芨草,草丛里面好像有东西。他小跑着赶过去一看,果然发现有一匹一岁多的小马驹躺在草丛中,身体早已冻僵了。小马死了,但两只眼睛还大大地睁着,眼角上结满了眼屎。王振彪难过地蹲下身子,用手将小马眼角的眼屎擦干净,那神情和动作真像对待自己的亲人,这让戴江南的心灵又一次受到了强烈震撼!

那天下午,终于把马群拢到一处,然后赶回野放点。就在寒冷至极的戈壁滩上,曹杰主任指挥用 3 辆车围在最外面挡风,然后让马群围成一圈,大伙儿围坐在一起用煤油炉化雪水,煮方便面。炉子小,锅也小,每次都只能煮两包,十几个人一人一碗,轮流着吃,个个吃得津津有味,有人还苦中作乐,开玩笑说:"真香啊!这才是世上最美味的野餐呢!"

当晚,戴江南睡在发动一阵再熄一阵火的汽车里。半夜时分,她突然被一声声凄厉的狼嚎声惊醒。猛坐起,脑袋却动不了,她吓了一跳:怎么啦?这头……下意识地一摸,才发现原来是帽子被封冻在车窗玻璃上,"好在不是头发和脸皮!"她不禁暗自庆幸。

戴江南向车窗外望去,但见深蓝色的夜空,一轮明月银光四射,照亮了死一般沉寂的万古荒原。她突然发现,清凉如水的月光下,白雪皑皑的旷野上,那被找回来的 24 匹野马战士一样排成纵队,头马在前,母后在后,齐刷刷静悄悄地向一个人行注目礼。那个人正背着双手,悄无声息地站在马队前,像个神秘的幽灵。戴江南定睛细看,才认出了原来是曹杰主任。曹杰主任深更半夜地不睡觉,却站在寒冷刺骨的夜色中检阅他心爱的马队,这难道仅仅是职业习惯吗?不!是责任。是爱心。是对野马慈父般深沉的亲情。

戴江南的双眼不由濡湿了……

第二天,经过逐个儿认真体检,发现马群普遍膘情不好,体质差、瘦弱,如果继续留在野外,存活下去的机率恐怕很小。大家经过商讨,决定将马群先赶回野放点,休养生息一段时间,起码得熬过这个严酷无情的冬天啊!

在野外连续奔波了 4 天 4 夜,完成使命一回到管理站,几乎所有的人都不顾疲惫和饥饿,争先恐后地扑倒在柔软洁白的雪地上,狠狠地打了几个滚,兴奋地像

浪迹天涯回归家园的孩子。

然而,王振彪说什么也高兴不起来,他对戴江南说:"我16岁开始养马,马就像我的孩子一样,我天天都要看一看它们,数一数它们。可惜,唉!又少了两匹……"他边说,边转过身去偷偷地抹眼泪。

守望野马家园,在遥远的"白房子"

寻找失踪的野马归来,戴江南一口气发表了《野马,冬季里的惦念》《千里荒原寻野马》《带野马回家》和《回家的路有多远?》4个长篇系列报道。戴江南关于野马的系列报道,先后荣获"中国新闻奖"(二等奖)、"新疆新闻奖"(一等奖)、"新疆环境好新闻奖"(一等奖)、"中国关注森林奖"(一等奖)、"杜邦杯"环境好新闻奖等,并于2003年11月荣膺中国"地球奖",这是目前我国环境保护事业的最高奖。

荣誉,是对一个人辛勤努力的奖赏,也是对一个人事业成功的肯定,但勤勉聪明的人绝不会躺在荣誉的红地毯上酣然入睡,更不可能在荣誉的光环中迷失自己。无论获取了多少奖项,受到了怎样的表彰,戴江南仍一袭行囊,悄悄告别喧嚣的都市,赶赴她心中的伊甸园——卡拉麦里,去寻找她的"梦中情人"——野马,去慰籍她的心灵,去写她的那本人生的大书。

2003年7月,戴江南顶着西部暴烈的太阳,在滚滚热浪的奔袭中专程来到卡拉麦里,来到戈壁荒原的深处,在野马野放点的那栋"白房子"里安营扎寨。

别以为这儿所说的"白房子",跟作家高建群笔下的那栋"遥远的白房子"一样奇异浪漫,充满诱惑,其实只是一栋简陋的土坯房,里面分一大间,一小间,大间住人,小间做厨。"白房子"长年累月只住着卡拉麦里自然保护区管理站的4个人,俩人一组每月轮换一次。戴江南来时,"白房子"正住着王振彪和李雪峰。他们的名字并不为外人所知,但他们才是真正的普氏野马的"守护神"。戴江南就是要来体验生活,体验野马的生活,体验野马"守护神"的生活,然后把他们都写进自己"蓄谋已久"的那本书里。

本来,谁不想与一位大城市来的年轻且有名的女记者近距离接触呢?然而,戴江南的到来却令这两条大汉诚惶诚恐,实在不愿意接纳。因为这儿毕竟只有一间屋,俩男一女,3个人咋住呢?戴江南莞尔一笑,落落大方地说:"我又不是狼,你们也不会是狼,怕啥?我当你们是老大哥,你们当我是亲妹子,咱们会相处好的。再说,我也不会给你们添什么麻烦的,我还会做饭、洗衣呢!"

戴江南就这样入住"白房子",开始了长达两个半月的野外生活。在这栋遥远的"白房子",既没有电,没有电灯、电视,原有的一台收音机也坏了,手机更是没了讯号,住在这儿真正像是回到了洪荒年代。白天,戴江南除了在两位老大哥的轮流陪同下,驱车或步行数十千米去观察野马,就是回来写作、读书。夜晚,3个人均合衣而卧,倾听大自然的天籁之声和野狼的嚎叫……

　　每个礼拜,戴江南可以跟车回恰库图镇拉一次水和蔬菜。其实,她主要是想到镇上打打牙祭、解解馋。在路边那个小餐馆,戴江南会狼吞虎咽的吃完一大碗红烧肉,令人瞠目结舌!因为"白房子"太热,上午带去的肉,来不及等到下午就臭了,他们三人每天只好吃土豆,吃得使她一想起土豆就胃疼。每次拉来的一大桶水,三个人得用上一周,因此他们尽量不去洗脸。哪个女人不爱美?但在戈壁深处,这些对年轻的戴江南都不重要了。她原来嫩白的面庞被烈日晒出了一层紫斑,什么美容呀、化妆呀、皮肤护理呀全免了。最难忍耐的还不是吃不好、喝不好、美不了,也不只是烈日、风沙和狼,而是寂寞。沉寂的大戈壁,万籁俱寂,只有亮光光的烈日四射,死寂得令人窒息。有天下午,戴江南实在熬不住寂寞了,便撺掇王振彪带她去爬山,实际上她是想借爬山站到高处,用手机给同事或朋友打个电话,哪怕就听听他们的声音,也是一种满足和幸福呀!然而,即使爬到最高的山顶上,手机也没有一丁点儿信号,戴江南沮丧极了!就在返回途中,他们竟然被6条狼跟踪。要不是王振彪用常年在野外与狼周旋的经验和智慧巧妙地甩掉了狼,那后果真不堪设想!

　　在戈壁荒漠上,狼恐怕是野马乃至人类最危险的敌人了。它们常常成群结伙,为了捕食裹腹,可以长期死死盯住一个目标不放,伺机做案。"白房子"孤零零矗立在茫茫的戈壁滩上,早为卡拉麦里的狼群所觊觎、窥视,而里面进进出出的3个活生生的人,也早已令他们垂涎三尺了。王振彪和李雪峰也早就料到自己已经为狼们所关注,因此,不得不日日夜夜时时刻刻处处设防。自从戴江南到来后,这两位老大哥更不得不严加防范,生怕出点意外。哪怕是大白天,他们也将吉普车挡在屋门前,且将车门敞开,正对着屋门。门一开,人可以直接钻上来,免遭善于潜伏的狼群袭击。

　　有天中午,戴江南和王振彪去观察野马了,只有李雪峰一个人躺在床上看书。隐隐约约,他听到门外传来"窸窸窣窣"的响声,起初他以为是同伴回来了,就没在意,可是外面响了好一阵,却不见有人开门进来,李雪峰蓦然惊醒过来:是狼!他马上扔下书,蹑手蹑脚地到厨房拎了把锋利的菜刀,走到门边准备好了,才猛地拉开门大喝一声"谁!"这一声断吼,果然惊得正在试图开门的两条狼,掉头落荒而逃!但逃出去不到200米,它们又停下来,挑衅似的站住身,与李雪峰久久对视。李雪峰当然不甘示弱,跳上车开车就追,一直把狼追出好几千米外。戴江南和王振彪回来后,听得冒出了一身冷汗。

　　尽管在卡拉麦里,人和野马一样都生存在严酷和险象丛生中,但野马带给戴江南的情趣和快乐,却是无穷无尽的。几乎每天,戴江南都要带上望远镜,往返几十千米去观察野马,潜伏在滚烫的沙地上,观看野马家族的鲜为人知的生活细节,有时一趴就是两三个小时。

　　野马不但有语言、有智慧、有情爱,还有组织原则和思想。那天,戴江南看到两匹小马驹在远处顽皮、打斗，母马便"呃，呃……"地发出一阵阵焦灼的长嘶。两匹小马驹听到母亲的招唤，便停止打闹，一前一后地往回走。见孩子回来了，母马马上发出另一种"欢儿——欢儿——"的叫声，声音充满了喜悦和快乐。

2004年4月，戴江南随一批青年志愿者，又一次来到卡拉麦里，为荒原植树，为她心爱的普氏野马的家园种植绿色。她说："每隔一段时间，我就想去卡拉麦里，去看野马。卡拉麦里好像不仅仅是野马的家园，也成了我的家园，我的心灵之约，我的解不开的情结，我的伊甸园……"也许正因为如此，戴江南才将自己那本即将出版的关于普氏野马的纪实，起名叫《家园的呼唤》。

舍生忘死，寻找最后的野骆驼

野骆驼，别名野驼，属于大型偶蹄类。它体型高大，头小，耳短，上唇中央有裂，鼻孔内有瓣膜可防风沙。背具双驼峰，尾较短。四肢细长，脚掌下有宽厚的肉垫。全身有细密而柔软的绒毛，毛色多为淡棕黄色，吻部毛色稍灰，肘关节处的毛尖棕黑色，尾毛棕黄色。野骆驼和家养双峰驼十分相似，其性情温顺，机警顽强，反应灵敏，奔跑速度较快且有持久性，能耐饥渴及冷热，故有"沙漠之舟"的美誉。野骆驼是世界上惟一靠喝咸水生存的动物，主要生息繁衍于我国新疆、内蒙古、甘肃、青海和外蒙古的干旱沙漠地带。目前，世界上仅存活野骆驼700~800头左右，曾被列入世界濒危物种红皮，是我比大熊猫还要稀少的国家一级保护动物。

2007年6月5日，新疆鄯善县将野骆驼定为城市吉祥物，并在该县文化旅游广场举行了隆重的发布仪式。

2007年4月17日，罗布泊野骆驼国家级自然保护区的科学考察巡护队在一处水源地附近，意外地发现了三具小野骆驼的骨骸，距离它们被猎杀的时间不超过48小时。此案引起了中共中央政治局委员、新疆维吾尔自治区党委书记王乐泉的震怒，亲笔批示林业、环保等部门联合查处。

2007年11月中旬，中央电视台分别在《走遍中国》《绿色空间》等栏目播出的专题纪录片《追寻野骆驼》和《哭泣的野骆驼》，使野骆驼又一次成了全世界瞩目的焦点。

虽然追寻和保护野骆驼已经不再是多么具有"卖点"的新闻了，但是寻找野骆驼艰险而漫长的历程，尤其是最早舍生忘死追寻野骆驼的那些鲜为人知的人物和故事，至今读来仍惊心动魄，感人至深……

谷景和与第一副标本

野生动物专家谷景和，早在20年前就开始寻找野骆驼，并第1个提议研究和保护野骆驼。

1976年7月，是新疆最闷热的季节，也是闯沙漠者最容易送命的季节，谷景和却与同事一行9人沿塔里木河中游南下，向塔克拉玛干沙漠北部纵深地带进发，寻找他梦中的野骆驼。当时，世界野生动物界许多自以为是的人，不相信中国有野骆驼,而国内一些人也想当然地说:哪有什么野骆驼?都是家养的骆驼跑野了的!谷景和决心用铁的事实驳倒这种无稽之谈,哪怕找上一具骸骨,一撮皮毛,一副标本。

顶着西部暴烈的太阳,文弱的南方书生谷景和在地表气温高达 70℃ 的无边沙漠上艰难地跋涉。热浪滚滚袭来,带着千古淤积的死亡气息,令人头晕目眩,寸步难行。塔克拉玛干(维吾尔语:进去出不来),这个地球上第二大流动性沙漠,其腹地寸草不生,是名副其实的"死亡之海",能有野骆驼吗?

艰苦跋涉到第 10 天,中午时分,谷景和一行都快虚脱了,口干舌燥,嗓子眼里直冒烟,浑身上下已经没有了一丝力气,连最能耐渴、耐饿和耐劳的"沙漠之舟"——骆驼们,都开始纷纷闹"罢工",卧在滚烫的沙丘上一步也不愿走了。

"我们难道要等死吗?"几乎所有的人都产生了幻觉,开始绝望!

突然,一棵低矮而又孤独的沙枣树下,缓缓地耸起一座山峰,像沙丘似的越长越高,瞬间就给人一种顶天立地的感觉。谷景和看呆了!他怀疑是幻影,可摇摇头,擦擦眼,再细瞧:不是幻影,那确实是一峰骆驼!

"野骆驼!"谷景和惊喜交加,所有的疲惫、沮丧和失望一扫而光!"终于找到你了,我的朋友!"他小声嘀咕着,大家都听得陡然兴奋起来。只见那峰野骆驼四肢稳健,头颅高扬,双峰饱满,巍然屹立在 100 米处的沙丘上,浑身闪烁着金色的光芒……突然,"叭——"的一声枪响,野骆驼颤栗了一下,茫然四顾着像风暴中的沙丘,轰然倒地,巨大的响音在死一般寂静的沙海里久久地回荡……

是向导开的枪,谷景和来不及劝阻。不过,这次"枪杀"是经过"特许"的,因为要带一副野骆驼的标本回去做研究用,只是向导太性急了,未等谷景和好好地欣赏够它的雄姿。

殷红的血,从野骆驼的身上汩汩涌出,染红了金黄色的沙砾。谷景和第一个跪倒在它的身旁,两眼含泪,用手抚合它大而幽怨的眼睛,愧疚地说:"对不起你了,朋友!"然后,站起来和大家围着野骆驼,深深地鞠了一躬。

这是一峰成年公驼,它被运回乌鲁木齐,做了我国第 1 号野骆驼标本。

赵子允和他的"赵氏孤儿"

野骆驼虽然有沙漠"苦行僧"之誉,但它并非天生就喜欢远离绿洲,远离人群,躲在自然条件极为恶劣的"生命禁区"过"苦行僧"的日子。

"都是让人给逼的!"赵子允长叹一口气说:"过去从阿尔金山到罗布泊周围,塔里木河流域和塔克拉玛干沙漠边缘,随时都可以看到野骆驼。野骆驼常常成群结队,拖儿带女出来吃喝旅游,并不怕人。有些在情场失意又色胆包天的公驼,还敢混进老乡家养的驼群找"媳妇",播撒爱情的种子,培育了不少'二转子'后代呢!可惜,人们大肆捕杀,野骆驼眼看着快绝种了,就干脆逃到人去不了的地方活命，以图自保。"

赵子允当时是新疆野生动物保护协会会员。可是在 30 年前，他也曾为了口腹之欲，猎杀过不少野骆驼呢！最终还是一峰可爱的小公驼，唤醒了他的人性与良知，促使他"放下屠刀，立地成佛"。

有一天，赵子允和同事们在罗布泊探矿途中，突然遇到了两峰野骆驼。这是一对母子。驼妈妈一见人，惊恐万状，也顾不上管孩子的死活，掉转身撒腿就跑！那峰小公驼惊慌失措，傻呆呆地就做了赵子允的俘虏。如果是成年驼，又肯定成了这群长年在野外、清汤寡水熬日子的地质队员们的"下酒菜"，正因为是小驼，像天真的幼儿一般激活了这群无情"杀手"们的同情心。

小公驼被圈养起来了。起初，怕它逃跑，赵子允下令给戴上脚镣，关在高高的栅栏里，只管喂吃喂喝，却不给自由！小公驼自生下地就一直受妈妈宠爱，哪受过这份虐待与捆绑？于是，一天到晚地又叫又闹，吵得大家睡不好觉。勉强关了 3 天 3 夜，赵子允不胜其扰，亲手打开脚镣，在它屁股上拍了一巴掌，说："走吧，我还你自由，找你妈去！"

万万没有料到，第二天下午，小公驼又悄悄回来了！赵子允一见大喜过望，像问自己的儿子一样亲切地问道："你是不是没找到妈妈呀？又回来混吃混喝了？"

"它是丢了妈妈，才回来找'爸爸'的。"大伙儿七嘴八舌地调侃赵子允和小野驼，"快喊爸爸呀，你这个小傻瓜！"

小公驼并不傻，它径直来到赵子允跟前，用厚厚的嘴唇吻着赵子允粗糙的脸，两只乌溜溜的大眼睛流溢着乞怜的光波。"噢！我明白了，这小家伙要水喝呢！"赵子允将它领到一只小桶前，未及招呼，小公驼就一头纳下去"咕咚咕咚"灌了个饱。从此，它就干脆赖在地质队，不走了。

野骆驼的血液有抗脱水的特殊功能，红血球能储存数倍的水分，加之 3 房胃旁有 20~30 个小囊，能贮藏 3 升多的清水，保障 20 天左右可抗干渴。因此，为防小公驼抢水、偷水，赵子允特意用铁皮焊了个小水箱，挂得高高的，装上胶皮管，用细铁丝扎住口。喂它时，就将铁丝稍稍放松点，于是，小野驼每天伸着长脖子，贪婪地噙住胶皮管挤"奶"吃，憨态可掬极了！

大伙儿给它取了个名字叫"赵氏孤儿"，是为了调侃与它形影不离的赵子允。"赵氏孤儿"仗着自己的"干爹"当队长，愈益胆大妄为，藐视群众。每当开饭时，它总是抢先冲进食堂，用庞大的身躯往那儿一堵，然后把头伸进窗口，用大鼻子这儿闻闻，那儿嗅嗅，吓得炊事员大呼小叫："赵工，快来管管你儿子，要造反了！"

赵子允见"干儿"越来越强壮，又不服管教了，就干脆给乌鲁木齐动物园打了电报，愿无偿赠送"赵氏孤儿"。动物院接到电报，如获至宝，立即派人带着兽医，星夜兼程赶到了罗布泊，像接宝贝一样地接走了"赵氏孤儿"。

联合国官员钟情野骆驼

"赵氏孤儿"要走了，地质队的爷们哥们都有点恋恋不舍，毕竟养了一个多月，有了深厚的感情。赵工却乐呵呵地为"干儿"送行，拍着它膘肥体壮的屁股道："伙计，你小子他妈进城享福去哩，前程无量啊！"

"赵氏孤儿"果真前程无量！在乌鲁木齐才生活了 3 个月，就被闻讯赶来的北京动物园一眼看中，用两匹非洲斑马和两头漂亮的金钱豹换去了。"赵氏孤儿"一到北京，立即引起媒体关注，连新华社、人民日报都发了消息，称"赵氏孤儿"是在中国新疆罗布泊发现的真正纯种的野骆驼！国外媒体也闻风而动，但当时特殊的国际环境和西方某些人对中国的偏见，使"赵氏孤儿"处于褒贬不一的舆论漩涡。美英等国于是派出野生动物专家，专程飞抵北京考察，最后终于确认：中国西部确实生存着世界上惟一的双峰野骆驼！

从此，野骆驼的研究热持续升温。中国西部特别是阿尔金山—罗布泊一带，成了中外科学工作者考察和寻找野骆驼的"热点"地区。1986 年，经国家环保局批准，面积约 1.5 万平方千米的阿尔金山—罗布泊野骆驼自然保护区宣告建立。流离失所、朝不保夕的野骆驼，终于拥有了自己的家园。

转眼到了 1994 年，在蒙古人民共和国首都乌兰巴托召开的中亚可持续发展国际会议上，联合国环境规划署官员简·海尔博士，对前往参加会议的新疆环境保护研究所副所长、野生动物专家袁国映说："我已经在蒙古国考察了两年多，发现这里的野骆驼品种混杂严重，而且，熊和豺狼猖狂，对野骆驼威胁太大，幼驼存活率很低。我想去你们中国考察，因为现在看来，真正纯种的野骆驼还是分布在中国！"

袁国映一直主持新疆的野骆驼项目研究，听了简·海尔博士的话，他喜出望外！特别是得知联合国环境规划署有意在蒙古国或中国投资建立新的野骆驼自然保护区，袁国映再也坐不住了！他不能眼看着这块香喷喷的馅饼掉到别国的碗里，于是回国后立即向上级做了汇报。很快，国家环保局拍板决定，与联合国环境规划署共同组织科考队，赴阿尔金山—罗布泊一带，考察和寻找野骆驼。国家环保局特拨款 10 万元人民币，资助这次工程浩大、周期漫长的考察，袁国映被任命为科考队中方负责人，赵子允为向导。

最初的考察分为 4 个周期，持续了整整 4 年。

第 1 次考察是 1995 年。

已经 3 月底了，关内早就杨柳吐絮、杏花春雨了，新疆绝大部分地方却仍然冰封雪冻，寒气袭人，不过这正是进入罗布泊寻找野骆驼的最好时机。

野骆驼属群居动物，每年 12 月开始群雄争雌，到开春时春情喷发，达到高潮，雄驼们一改平日的和善谦让，个个口吐白沫，两眼血红，相互扑上去又踢又咬，各不相让，直斗得伤痕累累，鲜血淋淋。母驼们则温柔地站在一旁，隔岸观火，眼睁着失败者死的死，伤的伤，逃的逃了，她们才别无选择地簇拥在胜利者身边，甘做妻妾。"胜者王侯败者贼"，一名胜利者，就是一个部落的首领，自然可以与这个部落所有的母驼交配。

这是个谈情做爱的季节，它们往往成群聚集在栖息地，不会四处漂泊，因此容易寻找。科考队顶风冒寒闯罗布泊，就是为了尽快找到野骆驼角逐和婚恋的壮观场面。

"没问题，一到戛顺戈壁，保你们第二天就看到野骆驼！"赵子允拍着胸膛说，听得简·海尔博士一行人眉开眼笑，连喊"OK！"

然而，在戛顺戈壁辗转着跑了半个月，连野骆驼的影子都没见着，这令赵子允好扫面子。"赵工，骆驼呢？"简·海尔再一问，更令赵工不好意思了！

神秘而凶险的罗布泊，号称"生命禁区"，中心地带寸草不生，连只蚊子几乎都没有。而位于罗布泊西北的戛顺戈壁，毕竟还有生命的迹象，生长着丰汁多刺的盐穗木、盐爪爪、红柳、胖姑娘和雅葱以及骆驼刺等，这些都是野骆驼最钟爱的美味佳肴，它们不来这儿谁来？

赵子允其实并没有"吹牛"，20 年前来戛顺戈壁，这个季节当天就可以见到野骆驼。

意外遭遇了野驼母子

跑了十几天，没找到野骆驼，却看见了野骆驼的新鲜尿液和粪便，这令大家都为之精神一振！"野骆驼就在方圆 1000 米以内。"赵子允终于有点扬眉吐气了，说，"走，马上就能见着老朋友了！"然而，突遇大雪，又遭风暴，刮飞了帐篷，颠坏了汽车，还是没找到野骆驼。这下验证了人在野骆驼心目中是"头号杀手"的传言。野骆驼有特别灵敏的听觉与嗅觉，往往三四千米外就能感觉到人的气息，春天正巧又刮东南风，一旦闻到人的气息，它们便落荒而逃。

戛顺戈壁没希望了，科考队直奔中蒙边界，又扑了个空！于是，一不做，二不休，他们干脆上阿尔金山。真是"踏破铁鞋无觅处，得来全不费功夫"，才到阿奇克谷地，就受到了一群野骆驼的"列队欢迎"。

"太漂亮了！"简·海尔博士像个孩子似的欢呼雀跃起来，"野骆驼，我终于找到你们了！"正当他和大家一样手忙脚乱地往外掏相机和摄像机，准备留下瞬间的永恒时，那群野骆驼个个撩开长腿，转眼间逃得无影无踪，只留下一道飞扬的沙尘。

简·海尔博士颓丧地坐在了地上。

不过，毕竟找到了神出鬼没的野骆驼，而且是一群——9 峰，显然是一个小家庭。第一次考察竟然没有白跑。

1996年4月,科考队第二次进入罗布泊,在戛顺戈壁很快看到了两峰野骆驼,很显然,它们是一对情侣。尽管这一对情侣在1000米外远远望见人就没命似的逃去了,但仍令大家兴奋!

"这一次,咱们运气不会太差吧!"袁国映像安慰自己,又像在激励别人。果然新疆"地邪",说交好运就交好运。

那天在阿奇克谷地,袁国映、简·海尔博士和赵工3人,弃车步行,边走边看,采集植物标本。他们走出营地约2000米,刚穿过一片稀稀拉拉的梭梭林时,袁国映眼尖,喊:"瞧!那是什么?"

大约1000米外的漠漠黄沙上有个黑点。"走,过去看看!"赵工说着,就抢前一步先行,3人于是踩着虚沙直扑那个"黑点"。愈走愈近,"黑点"也越来越大,而且有动静,显然是"兽"。"会不会是黑熊?""黑熊大白天下山干啥?""野牦牛?""不像!"3个人心跳如鼓,边走边猜测,走到500米左右时,简·海尔大叫一声:"野骆驼!"

果然是一峰野骆驼!

见是野骆驼,3人更精神倍增,分开来蹑手蹑脚向前"合围"。奇怪的是,一向望见人影就逃之夭夭的野骆驼,这次却意外地站在那儿,镇定自若,纹丝不动。待袁国映3人快"合围"到200米时,才发现它原来是一位母亲,刚刚生下幼仔,而幼驼无力地卧在地上,还没站起来呢!

母爱的力量多么伟大啊!袁国映3人都对这位临危不惧的母亲肃然起敬,不约而同地站在100米外,开始拍照、录像。谁也不敢再往前走,真拍惊扰了它们。母驼旁若无人、从容不迫地为孩子舔洗,用嘴鼓励它站起来,也使袁国映3人能够从容不迫地拍摄了1个多小时。

幼驼终于摇摇晃晃站起来了!母驼骄傲地望了人一眼,带着孩子悄然离去。走出了好远,母子俩都停下脚步,回头望着3个并没有伤害它们的"天敌",像是在表示感激呢!

狼,野骆驼最凶残的天敌

野骆驼的天敌首推凶残而狡猾的狼了。

那天在阿奇克谷地,科考队无意间发现了一个神秘的黑洞。"狼窝!"赵子允肯定地说。他在阿尔金山转悠了几十年,也快成一峰"野骆驼"了,几乎天天都在"与狼共舞",因此最熟悉狼的习性。

赵子允先在黑洞周围细细地察看了一番,凭直觉感到洞里洞外都有狼。很可能洞里藏着狼崽,狼父、狼母也许就躲在某个隐蔽处暗中保护呢!狼生性凶残,但亲子之情恐怕连有些人都望尘莫及呢!

赵子允用手在眉上搭了个凉棚,眯起双眼,朝四周山上一望,"狼!"他低声一喊，大伙儿抬头，果见一只狼正蹲在山崖上，虎视眈眈。

"肯定是条母狼，护崽子呢！"赵子允说着，便拣了一堆干柴，在洞口开始烧起来，还边烧边向崖上的老狼对望，挑战似的。呛人的烟，被风吹进洞里，不一会儿，里面就窸窸窣窣钻出毛茸茸的小狼崽来，好家伙，一窝3个！3个小狼崽都不大，毛色金黄，模样跟小狗差不多，挺可爱的。也许被烟熏晕了，都眯着眼趴在那儿，一动不动，又挺可怜的。

一时间，大家都起了怜悯心，纷纷抢着抱和拍照，尤其是简·海尔博士，都有点爱不释手了。然而，赵子允决定弄死它们："这家伙可是野骆驼的天敌，长大了不知要残害多少我们正在寻找的朋友呢！"几乎所有人都明白这个道理，可简·海尔博士坚决不同意："这么可爱的小生命，我们忍心伤害它吗？"为了尊重"联合国官员"，也为了避免让老外认为咱中国人"残忍"，赵子允只好放弃了"除害"念头。临走时，他心有不甘，瞧瞧山崖上也许正在得意的母狼，咬牙切齿道："迟早收拾你！"

袁国映见这位联合国官员"仁慈"得有点冥顽不化，就给他绘声绘色地讲述狼与野骆驼的故事，这都是他亲历亲闻的——

一峰野骆驼在夏顺戈壁，与两只狼相遇。野驼见一只狼与它对峙，另一只却蹲在那儿，"噢——噢——"仰天长啸，明白它是在呼唤同伴，便突然用后蹄刨起一片沙尘，吓得那只与它对峙的狼向后跳开，趁此当儿，野骆驼扭转屁股，撩开长腿一阵风地朝罗布泊中心跑去。两狼不知是计，愤怒地双双追去，可追着追着，狼只感到足下生疼，足底流血了，原来它们被骆驼骗进了盐翘地。盐翘地到处是盐翘，高者1米多，如尖利的刃，从来没有动物和人敢误入。野骆驼一般也不会去冒险，但在与狼的生死抉择之际，它引它们进盐翘地，无疑是明智之举。野骆驼本来没有狼奔跑速度快，但它有耐力，几天不吃不喝一点事都没有，而且坚厚的蹄踩盐翘如履平地。它见狼撵不上自己，就跑一阵，站下来扭头望一阵，狼不甘被嘲笑，更不甘快到嘴的肥肉失掉，就咬紧牙关没命地追！结果越追越误入"歧途"，待野骆驼不见了踪影，狼想回头已经筋疲力尽，饥渴难耐，终于双双倒毙于"生命禁区"！

"这么说，狼斗不过聪明的野骆驼了！"

简·海尔博士像听"天方夜谭"，听罢又怜悯起狼来，"那两只狼是一对夫妻吧？受骗身亡也怪可怜的！"

"这只是极少的特例。"袁国映见自己的故事起了"反作用"，又说，"更多的还是狼群得逞，野骆驼遭殃！"

一个野骆驼小家庭正悠闲地休憩于一片沙棘林享受饱食后的惬意。突然，一群饿狼蜂拥而来，身材高大的公驼见状，让母驼们保护幼仔，自己则勇敢地上前，瞄准为首的一只公狼，趁其得意，猛地张开大嘴，将食物连同胃液一古脑儿喷过去，喷得头狼满脸满身，晕头转向，"嗷嗷"怪叫着退回狼群。未及另一只狼扑上来，它又一撩后腿，坚硬的铁蹄直贯狼的面门，那只狼顷刻间脑浆迸裂，倒地而亡。

然而,狼群仿佛被激怒了,疯狂冲锋,野驼们被冲散了,几峰幼驼顷刻间哀鸣着被群狼撕成碎片分食,空中顿时弥漫着一片血腥气味。公驼势孤力单,又"黔驴技穷",再不敢恋战,冲出狼群欲逃,却被闻讯赶来的另一群豺狼扑倒在地……一个幸福的家庭就这样被毁灭了!

"看!肯定是狼造的孽!"袁国映刚讲完故事,赵子允一声喊,大家低头一瞧:是一峰被狼群吃剩的野骆驼尸骸,皮毛上还粘着斑斑血迹。这是一峰3岁左右的小驼,大家检查了一下,都肯定地说。"狼,太可恶了!"简·海尔博士终于放弃了对狼的仁慈,说,"那3只狼崽,该杀!我们拍照的那对母子,会不会被狼群残害呢?"

"难说!"大家都心情沉重起来。

亡羊补牢,人类的良知与自省

2000年6月,经国家环保局批准,阿尔金山—罗布泊野骆驼自然保护区,已由原来的1.5万平方千米,扩展为6.764万平方千米。联合国全球环境基金会无偿赞助72.5万美元给中国,用于保护区扩界后的基础建设。长期被人迫狼撵的最后一群野骆驼,终于拥有了自己的家园,这也是它们在地球上的最后家园。

2001年4月11日至28日,最先提议研究和保护野骆驼的野生动物学家谷景和,不顾63岁高龄,随中央电视台组织的"罗布泊野生双峰骆驼科学考察队",顶风冒沙,辗转于罗布泊"六十泉"一带和库姆塔格沙漠,终于将神秘的野骆驼形象,用最快捷的通讯方式,奉献给了所有关爱它们的亿万人民。

"我们千万不能失去这最后一群聪明而善良的朋友啊!"谷景和悲天悯人地默默祷告。

然而,人类活动的急剧扩张,使新疆野骆驼的活动区域一缩再缩,已由原来吐鲁番南部整个库鲁克塔格山区缩小到帕尔岗山区东部很小的区域。"如果不对这些残存区域加以保护,野骆驼将可能灭绝。"罗布泊野骆驼国家级自然保护区管理中心检测室高级工程师袁磊忧心忡忡地说。因为在元旦前夕,他和同事们对吐鲁番地区南部的龙城雅丹地貌、小横山、帕尔岗乔喀山、帕尔岗雀克山以及伊尔托克什不拉克泉水地等9个水源地的自然环境和人类活动状况进行了为期10天的考察。在考察中他们发现,一家承担"农村公路建设项目"合同段的工程建设公司擅自进入保护区,正在修建一条长约60千米的道路。

"近几年,保护区里开发了几个铜矿、铁矿,这条公路正是通往这些矿区的。如今,人来车往,黄沙滚滚,却不见了野生动物的踪迹。"袁磊说,"由于受到矿业开发活动影响,野生动物对人的警觉性非常高。"在野骆驼们的眼里,人甚至比老虎和狼更"凶猛"。这难道还不引起我们的羞惭和自省吗?

罗布泊一带土壤旱化现象加剧,盐泉水量减少或干涸,植被有明显衰退迹象,野骆驼饮水和觅食出现困难。

"我最担心的是，家骆驼容易和野骆驼杂交，从而威胁到野骆驼的纯血统基因。"袁磊说，保护区东部紧邻甘肃省阿克塞哈萨克族自治县，该县牧民在保护区非法放牧情况较为严重。为保护野骆驼种群繁衍，从2001年起，新疆已设立多个管理检查站，尽量避免让野骆驼受到惊扰，并通过恢复荒漠植被等措施尽力为野骆驼提供充足的食物。

"总的来说，新疆境内野骆驼种群数量现在处于上升阶段。"令人担忧的同时，袁磊又给记者带来一个振奋的消息。

袁磊说，罗布泊野骆驼国家级自然保护区的阿尔金山北麓，是野骆驼四个主要分布活动区之一。这个活动区主要在新疆若羌县境内和甘肃省与新疆接壤的阿克塞县西部。这里荒漠灌木较多，又有一定的水源，适合野骆驼生活。经过调查估计，这一片的野骆驼至少有300峰左右。野骆驼保护计划启动后，鄯善县将进一步加大对野骆驼的保护力度，对规模小、生产效益低、环境破坏严重的矿点坚决给予取缔，注销生产许可证；对环境污染大、资源开采过程中浪费大的企业，要重新审核其环保手续，该停的要停，该整顿的立即进行整顿。严禁破坏、利用区内野生动植物水源，严禁侵占野生动物生活栖息地。对已经利用的要制定解决办法给予妥善解决。尽快对保护区内矿点企业实行进入保护区许可证登记制度，规范保护区内经济开发活动。更好地发挥保护区检查站卡作用，防止偷猎、采挖荒漠植被人员车辆进入保护区。

鄯善县还将把野骆驼卡通形象设计成旅游纪念品进行批量生产，当地的道路、街道指示牌上也会出现野骆驼图案，目的是向前来观光游玩的游客发出倡议：关爱动物，保护野骆驼。

我所遭遇的野牦牛

野牦牛，是家牦牛的祖先，它体形大而粗重，体长为 200～260 厘米，尾长 80～100 厘米，肩高 160～180 厘米，体重 500～600 千克。体毛为暗褐黑色，特别长而丰厚，尤其是颈部、胸部和腹部的毛，几乎下垂到地面，形成一个围帘，如同悬挂在身上的蓑衣一般，可以遮风挡雨，更适于爬冰卧雪；尾巴上的毛上下都很长，宛如扫帚一般，显得蓬松肥大，下垂到踵部，在牛类中十分特殊；有 14 对肋骨，较其他牛类多一对；额下没有肉垂，肩部中央有凸起的隆肉，四肢短矮，腹部宽大；头上的角为圆锥形，表面光滑，先向头的两侧伸出，然后向上、向后弯曲，角尖略向后弯曲，如同月牙一般。角的长度通常为 40～50 厘米，最长的角将近 1 米，两角之间的距离较宽。

野牦牛的四肢强壮，蹄大而圆，但蹄甲小而尖，似羊蹄，特别强硬，稳健有力，蹄侧及前面有坚实而突出的边缘围绕；足掌上有柔软的角质，这种蹄可以减缓其身体向下滑动的速度和冲力，使它在陡峻的高山上行走自如。野牦牛的胸部发育良好，气管粗短，软骨环间的距离大，与狗的气管相类似，能够适应频速呼吸，因此可以适应海拔高、气压低、含氧量少的高山草原大气条件。野牦牛原是我国青藏高原一带的特产动物，现分布于新疆南部、青海、西藏、甘肃西北部和四川西部等地。栖息于海拔 3000～4000 米的高山草甸地带，夏季甚至可以到海拔 5000～6000 米的地方。野牦牛具有耐苦、耐寒、耐饥、耐渴的本领，对高山草原环境条件有很强的适应性。

野牦牛因为叫声似猪，所以在产地又被称为"猪声牛"，藏语中称为"吉雅克"，发情期为 9～11 月，雄兽变得异常凶猛，经常发出求偶叫声，争偶现象十分激烈。据说，有些斗败的雄兽会下山闯入家牦牛群中，与雌性家牦牛交配，甚至把雌性家牦牛拐上山去。野牦牛雌兽的怀孕期为 8～9 个月，翌年 6～7 月份产仔，每胎产 1 仔。幼仔出生后半个月便可以随群体活动，第二年夏季断奶，3 岁时达到性成熟。寿命为 23～25 年。

生活在阿尔金山的野牦牛，因其体壮耐寒，个大剽悍，性情凶猛，天不怕，地不怕，被誉为"阿山之王"。老地质工程师"赵工"，大半生都游弋在阿尔金山，他曾数次遭遇凶猛骠悍的野牦牛，真是生死历险，惊心动魄……

这家伙好像天生跟人有仇

在阿尔金山，野牦牛是最厉害的动物了——也是最让人害怕和担心的家伙，它的性格和黑熊、雪豹这些猛兽有点不一样，黑熊虽然也凶，但只要碰见它，你干脆躺在地上装死，它闻着你转上几圈，用鼻子嗅嗅，用爪子扒拉扒拉，见你没啥"玩头"就气哼哼摇摇头晃着肥胖的身子走了。雪豹呢？虽然恶名在外，其实它和猫有相似的共性，那就是"胆小"，一般不会主动攻击人，见了人就远远地躲开，除非你跟它狭路相逢，而且必须一决雌雄！

野牦牛这东西就是怪，它只要看见你，不管你打没打算收拾它，它先预备着收拾你了！这是个攻击性特强的动物，始终对人和其它动物怀着敌意，跟某些外国"鬼子"差不多！我们地质队从进山的那一天起，就几乎没有跟这又大又黑又粗又野死不讲理的庞然大物和平共处过。

那天，我一个人骑了一匹老马，还背了一杆老七九步枪去找矿，返回大本营时人困马乏，天已经快要黑了。我骑在马背上，屁股颠得生疼，正巴不得快点返回营地，对那匹温顺的老马唠唠叨叨时，只觉一阵山风刮过，前边树林里"哗哗啦啦"一阵乱响，未及我反应过来，只见一团黑乎乎的东西像一道黑色的闪电，横冲过来，对准我胯下的马猛地就是一撞！马惨叫一声，身子一歪，将我掀翻在地，马就咕噜咕噜滚下山崖去了，留下一串可怕的响声。我趁势滚到一棵大树下，刚好被卡住了，这才避免了和马一道粉身碎骨的厄运。

还好，枪被我迅速抓在了手上！我不顾浑身的剧痛，忙爬起来仔细一瞧，才发现是一头野牦牛！我用枪瞄准，想将它吓走，谁知这黑家伙挑翻了我的老马好像还嫌不过瘾，又瞪着血红的两眼，端着两只长角向我直冲过来，我情急之下扣动扳机，"叭"地一声枪响正中它的脑门。然而，那黑家伙借惯性还是扑了上来，将足足一吨多的身子大半压在我身上，我脑袋嗡地一响就晕过去了。

待我再醒过来，才发现天完全黑了，空中闪烁着密密麻麻的寒星，那庞然大物仍沉甸甸地压着我早已麻木了的双腿，我费了九牛二虎之力，才终于将腿抽了出来，望着漆黑一团的夜色，思忖着：怎么办？回，一个人步行不知还会遇到什么呢，这人烟稀少的阿尔金山，可是野兽的乐园！尤其是一到晚上，豺狼成群结队，遇上一群我可就要做它们的"点心"了，夜风冷硬得小刀一样割人，不饿死也得冻死，正茫然无措间，又冷又硬的死牦牛给了我希望：摸摸口袋火柴还在，谢天谢地了！于是，我抽出随身携带的猎刀，将牦牛开膛破肚，取出牛肝，然后拣了些干柴草烧起了篝火。篝火在这死寂一片的山路上"哗哗剥剥"地越烧越旺，我将牛肝烤熟，一时香气扑鼻，令我馋涎欲滴，将牛肝用刀一块块边切边狼吞虎咽地吃了个饱。肚子吃饱了，我又借着火光，开始剥牛皮，将牛皮剥好后，自己便囫囵着一裹，躺在山路

上,不一会儿进入了香甜的梦乡。

不知过了多少时辰,一阵怪叫声吵醒了我,我睁开眼睛一看,天已经大亮了,旁边早落着一大群老鹰和秃鹫,正一边贪婪地啄食着血淋淋的牛肉,一边还虎视耽耽地望着我。我一惊,想站起来,可万万没有料到,野牦牛皮一夜间被冻成"铜墙铁壁",箍紧了我的全身,几经挣孔未果,我只能在原地打滚。

弟兄们见我一夜未归,认为我八成是完蛋了,一大早就分头来寻我的"尸首"。当他们来到我"遇难"的地方,远远一看,咋有一只"野牦牛"正在地上打滚呢?他们见过驴打滚、骡子打滚、还真没见过牦牛打滚,怪!一个冒失鬼又条件反射地流口水了,举枪就要扣扳机!"慢!"另一个挡住他说,"先瞅瞅是咋回事?"待他们像电影上的日本鬼子持枪围上来时,才发现牦牛皮里箍着个人,待认出这人原来是他们的头头时不禁大惊失色!"乖乖,差点把队长当牦牛给打了!"大家七手八脚用刀子划开牛皮,我才爬起来,浑身血淋淋地终于长出了一口气。

狭路相逢勇者胜

在阿尔金山,人一旦跟牦牛见面,狭路相逢勇者胜。还有一次,我一个人刚骑马上一道陡坡,又被一头野牦牛发现,想跑都来不及了,就藏在山上的一块岩石后想骗它离开,万万没有料到,那看上去傻大黑粗的笨家伙精明得很,竟然循着一条小路冲上来。这道斜坡不长,我想逃已经来不及了,一旦它冲上来,那后果可不堪设想!我只能再开杀戒,端枪瞄准:"叭"地一枪击中它的肚子,然后爬起身没命地逃跑!

逃回营地,我惊魂未定,向大家讲述死里逃生的经过,并肯定地说,那一枪绝对打中了!队友们一听,兴奋极了,簇拥着我带路去找那头受伤的牦牛。当我换了一支半自动步枪,领大伙儿再来到刚才历险的地方时,一幕骇人的景象呈现于眼前:那头被我击伤的野牦牛,用椽子一样的四条腿,支撑着身子顽强地站在岩石上,一任肚皮下那被枪子击穿的洞口,一滴一滴淌下殷红的血,浸染着身下的岩石和草丛,却用愤怒的双眼紧盯着四周的狼!在它的四周,分散地蹲着4条野狼!狼们正伸着长长的舌头,伺机进攻!但很显然,牦牛不倒下,它们谁也不敢贸然上前送死!一看见狼,我就气不打一处来:这些贪嘴的家伙,嗅觉这么灵,专等着来抢夺人的"战利品",想"不劳而获"!哪有这么便宜的事呢?我二话没说,端起枪瞄准最靠近牦牛的那条狼,"叭"地一扣扳机,狼应声倒地,其余的3条见状,落荒而逃了。

奇怪的是,狼一死一逃,受伤的野牦牛终于摇摇晃晃地挪了几步,"咚"地一声栽倒在地上了……那头野牦牛,又做了我们的一顿美餐。

"双雄"相拼,两败俱伤

野牦牛和黑熊,究竟谁最厉害,我们在阿尔金山转了几十年,至今也没弄清楚,反正两者都有"阿山之王"的称号。不过,这一对黑家伙一旦遭遇就有一场惨烈的搏斗。

一天下午,我们正在山间行进,突然有人喊了一声:牦牛!大家惊慌失措,纷纷停住脚步向四周察看,只见距我们有三四百米的一处山崖底下,正上演着触目惊心的一幕:一头野牦牛,正跨开坚硬而粗壮的四肢,支撑着黑发纷披的硕大躯体,低着头,将两只角直竖向前,怒对着一头愤怒的黑熊,那头愤怒的黑熊呼呼地喘着气,人一样直立着,疯狂地挥舞着前爪,仰起头,张开大嘴,露出尖利的牙齿,嗷嗷地向天长啸,却就是不敢上前!

妈呀!这两头黑家伙打起来了!"两雄相争,必有一伤",这可真有好戏看了!我们全队停下来,悄悄挤在山路上,目睹这场短兵相接的战斗!人类固有的"幸灾乐祸"心态,促使我们要将这场战斗看到底,看黑熊和野牦牛究竟难最厉害?谁堪称"阿山之王"!

不知它们发现了我们没有?按一般讲,野兽之间无论做什么事,只要一见人,准各自撇下对方,逃命去也!可是,这一对大家伙没有,它们一直对峙着,都跃跃欲试,想攻击对方,又似乎不敢贸然上前。也许是黑熊正好面向我们,它远远看见了我们,自尊心受到了刺激和鼓励,突然,"嗷"地一声长啸,张牙舞爪直扑向擎角坚守防线的野牦牛。野牦牛见状,也不甘示弱,闷声不响地迎上去,双方一刹那纠结在一起,却见力大无穷的野牦牛使出蛮劲,用两只角直刺进扑上来的黑熊肚皮,再往前一顶,将黑熊死死地顶在身后的崖壁上!

黑熊又"嗷嗷"一通长啸,人一样背靠崖壁,前爪疯狂挥舞,将牦牛的铁头拍得叭叭做响,身子却动弹不得!就这样,野牦牛一任黑熊发疯似地拍打,只叉开四蹄死也不肯放松,黑熊的愤怒渐渐减弱,变成了"哦哦"的惨叫,继而哀鸣,前爪也不再疯狂,由痛打变成了无力的轻"抚"。十几分钟后,它就纹丝不动了,像一副"标本"贴在墙上,而野牦牛竟然还没有一丁点儿放松的迹象!

黑熊显然咽气了,我们仍不敢上前,也因为无路而没法上前,就"呜呜呀呀"的一齐放声大叫,想吓退牦牛,见它毫不理会,我们拿起枪"叭"地朝天放了一枪,再"叭"地放了一枪,牦牛仍英雄一样,坚守着斗士的形象。

我们真不敢相信那牦牛究竟是死了还是活着?叹息着不忍离去。当我们不得不离去时,谁也说不出一句调侃的话来。我们原来视为最凶恶敌人的野牦牛,仅此一战,就强烈地震撼了我们的心,成了我们敬慕的英雄!在这个弱肉强食、适者生存的阿尔金山,作为草食动物,野牦牛如果不强悍,岂不跟野骆驼、藏野驴、黄羊们一样

任人宰割，被别的肉食者欺凌？也岂不早就濒于绝种了么？更别说做什么"阿山之王"了！

3年之后，当我们路过那座山崖，万万没有想到，那头野牦牛和黑熊，仍以原来的姿势僵持在那儿，恐怕早就风干成了"标本"。没有到过阿尔金山，你是无法看到这惨烈的一幕，也是绝对想象不到那震撼人心的场面的！

豺狼"围剿"，牦牛遭殃

别瞧野牦牛天不怕，地不怕，在阿尔金山称王称霸，连黑熊都敢对付，可有一种小得让人可怜的东西，能制服这凶悍庞大的"阿山之王"，这就是豺。人常说的"豺狼当道"的豺，就是这种豺。在阿尔金山，这家伙成群结队，无恶不做！豺虽比狼小，但它攻击大动物的能力却比狼厉害多了，豺群袭击野牦牛的场面更是令人惨不忍睹，我就亲眼见过一次……

那是一个夏天的傍晚，朦胧的月光下，阿奇克谷地有一块避风处，十多只野牦牛在白天吃饱喝足后，卧的卧，站的站，一面反刍，一面享受着青草的芳香。突然，远远出现了一对对发亮的暗红色光点，越来越多，越来越近，它们分散成弧形围上前来。这是一群饿了很久的豺，因找不到容易猎捕的食物，便冒险来打野牦牛的主意。牛群中刚长大的牛犊，吊起了它们的胃口，诱惑得它们馋涎欲滴。牛群预感到了危险，有些骚动，于是立刻在头牛的带领下，头向外围成一圈，小牛被围在中间，每个牦牛的一对弯角，向外构成了"钢铁长城"。豺们瞪着双眼，窥视着不敢贸然行动。其中领头的一只，则不时地仰天长嚎，远处的豺们遥相呼应，凄凉的嗥叫声在寂静的夜色中，使人毛骨悚然。这种叫声也引来了更多的豺。当这些豺觉得"兵强马壮"，有进攻能力了，"首领"便一声长嚎，豺群疯狂地向牛群猛冲过去，但一只只被牛角顶翻，有的被扔到半空中，连肠子都被挂了出来，饿急的豺群却不怕牺牲，前仆后继，轮番攻击。混乱中，一只最凶狠的豺，终于窜进了牛群中间，到处乱咬。这时，牛群惊慌失措，不得不各自奔逃。由于牦牛脖颈下长满了浓厚的毛，豺短小的嘴咬不住牦牛的气管，牦牛虽被咬得满身伤痕，仍在不停地狂奔。几只豺于是选中了一头柔弱的小母牛，围了上去，其中一只猛地跳到牛屁股上，并在肛门部位紧咬住不松口，疼得小母牛狂奔起来，但凶狠的豺一直将牛的肠子从肛门拉出来，拖了一地。精疲力竭和绞心的疼痛，迫使小母牛倒在地上打滚，失去了自卫能力。这时豺群一拥而上，不多久，一头活蹦乱跳的小牛，就成了豺们的美味佳肴。

因此，在阿尔金山，野牦牛一见豺群，无不惊恐万状，当然它们无论如何也要拼搏一番！

我欠野牦牛两条命

过去,我是猎杀过野牦牛,欠过它两条命,自阿尔金山自然保护区建立和实施《野生动物保护法》之后,我们这些饕餮过野牦牛的"人兽",也开始诚心和它们交朋友,别说再猎杀,还千方百计地保卫它、躲它呢!只是这黑家伙,也许感觉到人怕它了,便见人就追,见车就撞!

阿尔金山原本就没有路,车在山里走,得千万小心,一旦冒失,随时都有翻滚的可能。但是如果和野牦牛遭遇,都么,再危险也得加大油门逃命了!

有一次,我们正坐在山上缓行,突然前方出现了3头野牦牛,相距仅200多米。野牦牛一见我们的"牛头"车,似乎气不打一处来,它们3个"碰"了一下"头",就齐齐扭转屁股直冲了过来,车上车下的人见状,纷纷乱叫着夺门跳车,屁滚尿流地各自逃命,就扔下那辆半旧的"牛头"。那3"兄弟"冲过来,围住车前一撞,后一顶,只听玻璃"哗啦啦"碎了,铁壳被牛角撞击得嘭嘭作响,又见它们齐心合力再往上一掀,车就翻了个个儿,四轮朝天地仰面躺在了地上。

"完了!"我们心疼车呀!可有法在上,现在是绝对不敢向这些黑家伙下毒手了,只能眼巴巴望着它们发泄完后,心满意足地扬长而去。待它们走远了,我们心惊胆颤地来到车前,只见一辆"牛头",早变成了一堆废铁,唉!

那一次,我带一群外国专家考察阿尔金山,与4头野牦牛不期而遇。几个老外正儿八经平生头一次看到野牦牛,激动得大呼小叫,停下车扛出摄像机就贪婪地拍呀拍。不料,被牦牛发现了!只见两头公牛扔下正悠闲吃草的"情侣",互相"商量"了一下,突然竖起旗杆一样的尾巴,低头躬背,旋风一样从1000米外俯冲过来,卷起两团狂沙!

老外们大叫一声"NO",丢盔弃甲,争先恐后爬上车,好在司机是我们选的人,熟知"阿山之王"的脾性,急踩油门,驾车狂奔了三四千米,才放缓速度敢回头看一眼,乖乖!那两团"黑旋风"没追上来!

"洋大人"们也终于领教了中国野牦牛的"神圣不可侵犯",因此,后来在阿尔金山再有幸见到上百头野牦牛,黑压压一大片,他们躲在山上尽情拍摄了几个小时,却没有一个人敢咋呼一声,更不敢贸然靠前。

现在,阿尔金山真正地成了野牦牛随心所欲的"天堂",每次去阿尔金山,我心里都怦怦直跳,生怕谁来找我"报仇",因为我常常懊悔:"你这老家伙,这辈子还欠野牦牛两条命呢!"

雪豹,神秘而凄美的故事

　　雪豹,别名草豹、艾叶豹,是一种美丽而濒危的猫科动物,国家一级保护动物。它头小而圆,尾粗长,略短或等于体长,尾毛长而柔。全身灰白色,布满黑斑。头部黑斑小而密,背部、体侧及四肢外缘形成不规则的黑环,越往体后黑环越大,背部及体侧黑环中有几个小黑点,四肢外缘黑环内灰白色,无黑点,在背部由肩部开始,黑斑形成三条线直至尾根,后部的黑环边宽而大,至尾端最为明显,尾尖黑色。耳背灰白色,边缘黑色。鼻尖肉色或黑褐色,胡须颜色黑白相间,颈下、胸部、腹部、四肢内侧及尾下均为乳白色,冬夏体毛密度及毛色差别不大。成年雪豹体重一般在35~45千克,体长1.2米左右,尾长约1米。全身灰白底色,布满斑斓黑斑,外形华贵,被动物学家誉为"地球上最美丽的高山动物"。

　　雪豹是中亚高原上的特产,终年栖息于海拔2700~6000米的雪线附近,素有"雪山之王"之称,分布于哈萨克斯坦、乌兹别克斯坦、塔吉克斯坦和吉尔吉斯斯坦等前苏联的中亚各国、蒙古、阿富汗、印度北部、尼泊尔、巴基斯坦、克什米尔等地,以及我国的西藏、四川、新疆、青海、甘肃、宁夏、内蒙等省区的高山地区,如喜马拉雅山、可可西里山、天山、帕米尔、昆仑山、唐古拉山、阿尔泰山、阿尔金山、祁连山、贺兰山、阴山、乌拉山等等。这些地方大多为没有人类居住的地区,仅生长着极少的高山垫状植被。

　　雪豹被科学家誉为"是促进山地生物多样性的旗舰,是世界上最高海拔的显著象征,是促进跨国界的国家公园或保护区建立的环境大使,是健康的山地生态系统的指示器。"

天山牧场,深夜来访的不速之客

　　新疆天山山脉。雪山、草原、毡房、羊圈……美丽、安详、宁静……犹如传说中的"香格里拉"……不料,一个神秘的不速之客瞬间就打破了一个宁静的夜晚……

　　2006年3月的某日深夜,劳累了一天的牧民亚力昆正在熟睡,突然被一阵惨烈的狗叫声惊醒。

　　"难道是羊圈的羊出了啥麻烦?"亚力昆感到很紧张,就穿上衣服出门,想去看个究竟。来到羊圈,他才发现墙角处有一滩殷红鲜亮的血迹。"太恐惧了,我非常害怕。"至今提起亚力昆仍心有余悸。"会不会有什么东西躲在暗处,也等着袭击人呢？"亚力昆不敢在羊圈久留，就赶紧回到屋里。惨烈的狗叫声仍不时传来，某种不祥的气氛笼罩在牧场黑暗的夜空里。

在忐忑不安中一直等到天亮，亚力昆赶紧找了几个牧民，向狗叫的地方赶过去。结果在离羊圈不远处的一棵大树上，看到了惊人的一幕。树上趴着一只从来没见过的动物。它像猫，又比猫大，浑身长满黑色的斑点，虽然趴在那儿，精神状态显得比较疲劳，但一对明亮的眼睛警觉而凶猛地死死盯着地上的人群和向它狂吠的牧羊犬。

"我的羊？"亚力昆的脑袋"嗡"地一响，就不顾一切地往自己的羊圈赶。到了羊圈才发现，牧羊犬里最厉害的那只受伤了，伤在耳朵和脖子上，鲜血淋漓，非常严重，正躺在地上瑟瑟发抖。

连平时最厉害的牧羊犬都受伤这么重，看来躲在树上的那个家伙杀伤力不可小觑。亚力昆和其他几个牧民都不敢靠得太近，急忙向队里做了汇报。队长也从来没有见过这种场面，他一边让大家不要乱动，自己则赶紧打电话把这一情况向拜城县森林公安局打电话汇报。

公安干警很快就赶到了现场。他们也从来没见过躲在树上的这只"大猫"，既不能随便伤它，又不能让它伤人，还担心它自己跳下来跑掉。有牧民建议说从头上钩下来，有人说从背后脚上钩下来，最后大家想了个办法，就是用杆子套住它的头，拉下来，拖下来。于是有胆子大点的牧民就小心地靠近它，但是弄了半天它好像也没有什么反应。

"大猫"最终还是被人逮住了，只是大家对它的身份无法确定。有人说这好像是一只豹子，但和平时在动物园里看到的豹子不太一样，这家伙到底是什么呢？这家伙在和牧羊犬搏斗中也受了伤，加上又被困树上长达十几个小时，所以大家赶紧送它到了阿克苏动物园。动物园的赵园长立即请来了一位资深兽医师。

兽医在处理了它的伤口，却仍然不敢肯定它的身份：难道这就是豹子？但是金钱豹是黄毛黑斑点，毛色艳丽，特别漂亮，而这家伙毛色又灰又土，斑点黑色。那么会不会是猞猁？然而猞猁的体型没它体型大，比它要小很多，尾巴长度也不够。猞猁的耳朵是尖的，这一点也不相符。为了尽快弄清这个从天山下凡到村落的动物的真实身份，赵园长从乌鲁木齐动物园请来了一名专职兽医。

它的身份终于被确认：是一只雪豹。从它的毛色和体型看属于老龄，相当于人类的 60 岁以上。这只老年雪豹在赵园长的精心照料下，逐渐恢复了野生动物的凶猛，把羊肉啊，鸡往里面一放，它一下子就扑上去。赵园长也发现了它的特殊生活习惯。它特别喜欢凉一点的环境。这些特点好像都和雪豹的习性比较相似，雪豹因为终年生活在雪线附近，多么寒冷恶劣的天气它都可以适应，相反热了雪豹就会受不了。

不久，一直在野外追寻雪豹踪迹的野生动物专家马鸣来到了阿克苏。那天正是

中午,马鸣强怀着兴奋的心情来到动物园,可雪豹好像就是不愿意让专家看出它的真实身份似的,躲在窝里说啥也不肯出来。

"通常情况下真正的雪豹是不可能下山的,难道这次这个动物是个例外吗?"马鸣和雪豹的第一次"零距离接触"就这样在遗憾中结束。

第二天,马鸣再次来到了阿克苏动物园,雪豹这次才肯露面了。马鸣哪肯放过这个近距离观察它的机会。他找了多年雪豹,在野外没见到,却在动物园亲眼看到了。

在天山,雪豹是最凶猛的动物,它的地位和狮子在森林中的地位一样处于生物链的顶端,主要食物是天山上的北山羊,因此一般是不会下山的,以前也从来没有吃过牧民家羊的习惯,这些都是违背雪豹生活习性的。雪豹冒险下山,不但对牧民的生活是一种威胁,对自己的生命安全也是一种威胁。那么,它为什么要下山"祸患"人畜呢?马鸣说:现在北山羊已经很少了,它们的警觉性也越来越高,想去捕捉它们很难,所以雪豹就把目标转向牧民的羊群。雪豹如果是因为没有野生的食物资源了,开始吃家养动物,这个问题很严重。

马鸣的担忧并非杞人忧天。2007年5月5日,拜城县种羊场牧业四队。一只偷猎牧民羊群的雪豹被3只牧羊犬紧紧追赶。逃跑途中,雪豹不慎从山崖上摔下受伤。第二天一大早,阿克苏地区动物保护协会副秘书长吐尔逊·吐拉克就和一位兽医赶到了现场。他发现这是一只小雪豹,脸部开始化脓,下额垂了下来,下额的骨头已经裂开,感觉救活的希望不大。吐尔逊·吐拉克心疼地流下了眼泪。

雪豹被带到了阿克苏市,吐尔逊·吐拉克请求兽医全力抢救,为了救治雪豹,吐尔逊·吐拉克甚至放弃随西北野生动物考察团继续考察的机会。可以说,有这样富有善心的人们的关怀和保护,这也是珍稀野生动物的福分。

月黑风高夜,雪豹母子悄然走过我们的营地

2005年4月16日,"新疆雪豹野外考察队"又一次整装出发,前往阿尔泰山和北天山一带考察野生动物资源,并继续寻找雪豹。参加这次考察行动的还有来自法国、保加利亚等国的专家。被列入国际濒危野生动物红皮书的国家一级保护动物雪豹,跟大熊猫、金丝猴和东北虎一样地珍贵。2004年9月,在国际雪豹基金会(ISLT)和新疆保育基金会(XCF)的资助下,中国新疆正式启动雪豹保护计划。

中国科学院新疆生态与地理研究所研究员马鸣,是该项目组的负责人和野外考察队队长。这位一直从事鸟类研究的著名天鹅专家现在讲起雪豹就两眼放光,语气里充满了对孩子般的热爱和对神灵似的向往……

雪豹是典型的高山动物,又号称"雪山兽王"。雪豹美丽而神秘,勇猛而高贵,在中国、印度、尼泊尔、蒙古及中亚12个国家,都有它的踪迹。雪豹是一种神秘的动

物。它习性孤僻,喜欢独来独往,除非发情期和哺乳期会有短暂的"社群生活",在野外一般不合群,不群居。这一点跟大多数猫科类动物习性相近。雪豹又是夜行性动物,警觉性特高,昼伏夜出,白天多栖息在岩石和山谷中,因此一般很难被人发现。

雪豹有很高的经济价值,所以一直是偷猎者狩猎和捕杀的对象。特别是因其有固定的活动路线,偷猎者在其必经之路埋下铁夹就可将其捕获,导致其种群濒危。雪豹因为全身被有厚厚的绒毛,所以很耐严寒,即使气温在-20℃时,也能在野外活动。平时独栖,仅在发情期前后才成对居住,一般有固定的巢穴,设在岩石洞中、乱石凹处、石缝里或岩石下面的灌木丛中,大多在阳坡上,往往好几年都不离开一个巢穴,窝内常常有很多雪豹脱落的体毛。巡猎时也以灌丛或石岩上作临时的休息场所。由于毛色和花纹同周围环境特别协调,形成良好的隐蔽色彩,很难被发现。叫声类似于嘶嚎,不同于狮、虎那样的大吼。雪豹性情凶猛异常,但在野外从不主动攻击人类,行动敏捷机警,四肢矫健,动作非常灵活,善于跳跃,30米的高崖可以纵身而上,据说最多还有一跃跳过15米宽山涧的记录。

雪豹虽然凶猛异常,却是人类的好朋友。雪豹对人类十分友好,野生的雪豹即使在饥饿时也极少攻击人类。记得2000年,曾有一只饥饿的雪豹闯入了天山脚下的一个小村,这位"不速之客"在偷吃了一户人家拴在户外的一只狗后,并没有攻击在屋内的户主,而是躺在门口"呼呼"大睡起来,在被屋主驱赶了近半个小时之后才恋恋不舍地离去。雪豹还是牧民们不可缺少的"助手"之一。豺狼是畜牧业的天敌,而雪豹则是世界上为数不多的能有效捕杀豺狼的动物之一,是豺狼的"克星"。中亚许多牧区正是由于雪豹的消失而导致了豺狼的泛滥,从而使得畜牧业大规模减产。

雪豹不仅是亚洲高山高原地区最具代表性的物种,也可以看作是世界高山动物区系的象征。能否对雪豹进行成功的保护工作,将影响到整个世界高山动物的保护事业。"目前正在开始实施的这项国际性的保护雪豹行动计划,不仅能使雪豹得到很好的保护,而且能够进而保护整个高山地区的动物区系和生态系统。"马鸣说。

从2004年9月中旬开始,我们这支新成立的"新疆雪豹野外考察队"就先后分两个阶段赴阿尔泰山、北塔山和东天山中蒙边界一带,和天山中部、西部的托木尔峰地区寻找雪豹。托木尔峰,位于新疆维吾尔自治区温宿县北部,海拔7435.3米,是天山的最高峰。这里冰川遍布,山顶终年白雪皑皑,冰雪储量达5052亿立方米,是我国高山动物的旗舰物种雪豹的重要栖息地。可惜跑了两个多月,连雪豹的影子都没见着,这多少有点令大家失望。但是,我们在考察途中,起码找到了它的蛛丝马迹,光"样线"(雪豹留下的足迹链)就采到15条。

9月20日下午,我们在中蒙边界北塔山无人区的一块岩石上,突然发现了一片喷溅状的尿液。"有雪豹!"大家顿时张大眼睛,四下张望,并屏息静气地聆听周围的动静,因为这是雪豹留痕的一种。雪豹还喜欢用后肢刮耙松软的土壤,或将脸颊在岩石或树干上磨擦,留下自己的气味和痕迹。这些都是它划定势力范围、与其它同类交流沟通的方式之一。在发现那处难得的尿液之后,我们又发现在不远处的一块山岩上,留有雪豹带血的擦痕,那是它用餐后心满意足的表现,既清洗了自己血腥的毛圆脸儿,又告诫其它同类尤其是同性雪豹:"滚开!这是我的地盘!"在雪豹世界里,雄性的领地通常包含一只或几只雌性的领地,有时几只雄性的领地也会重叠。在繁殖季节,这种气味则是雌雄雪豹觅偶的记号。

"最令人兴奋的是,雪豹还曾在一个风高月黑的夜晚,悄然走过我们的宿营地呢!"马鸣颇为得意地告诉记者——

2004年11月5日下午,我们来到台兰河,发现这儿有不少雪豹的踪迹,决定当晚在此宿营。一夜无语。只有山风刮过草木留下的沙沙声。第二天一大早,我走出帐篷刚刚伸了个懒腰,目光就被牢牢钉死在脚下。只见洁白的雪地上,清晰地留下了3个雪豹的"足迹链"。中间的一条是大"梅花印",两边的两条是小"梅花印"。显然,这中间的一条大"链"是一只母豹的,也就是豹妈妈的,两边这两行小"链"是两只幼豹的。因为在豹子的世界里,从来没有"父亲"带"孩子"的记录。

3只美丽的雪豹,一个可爱的家庭,昨夜途径台兰河,途经寻豹人的梦境,竟然神不知鬼不觉连声招呼都不打,这也太不够意思了嘛!"我真后悔自己当晚枕着寒冷刺骨的山风咋还睡得那么死?半夜也没出去撒泡尿,兴许正巧碰上呢!"据马鸣介绍,雪豹身轻如燕,动作敏捷,脚下又有厚厚的肉垫,走路时蹑手蹑脚,真的从你身边走过,你都会浑然不觉。

这次考察,马鸣一行在托木尔峰见到了该自然保护区的第一任站长魏顺德先生。他跟踪雪豹20年了,至今也没见过一次雪豹。但他听到过雪豹凄厉而深沉的吼声,他断定那只吼夜的雪豹可能到了发情期,正在求偶。因为冬末春初是雪豹的交配季节。每年1月到3月中旬,雪豹身上的斑纹颜色变深,声音加重,会在万籁俱寂的深夜发出躁烈的吼声。

据马鸣介绍,雪豹发情期可以持续2~12天。雄性完成婚配后毫不眷恋地离家出走,留下雌豹独自孕育儿女。一只雌豹孕期长达90~103天,常常在春末夏初生下2~3只小宝宝。在这个丰富多彩食物相对充足的季节,常常可以看到年龄相仿的小雪豹在一起嬉戏、玩耍,妈妈则悠闲地坐在一边眯眼打盹。直到小雪豹长到18~22个月了,这个共享天伦之乐的幸福场景才不得不忍痛解体。像人类一样,为了生存它们都要各自去追寻自己的生活了。

其实,如果不是为生活所迫,母豹与其2~3个儿女和谐地相处数年是不成问题的。前提是在此期间母豹不生下一胎。不过有一个致命的问题,那就是幼仔长到两岁半性成熟时,就有可能与母亲乱伦。在大多数情况下,如果一直没有分居过,幼雌姐妹(或和同龄异母幼雌自幼生活在一起者)可以和睦相处数年乃至老年,但幼雄兄弟在一起相处的前景则很难预测。往往是把3个兄弟放在一起，生活不到3岁就得分开，把两个兄弟放到一起，却能和平相处到5岁或更长时间。

雪豹的确是一种美丽而可爱的动物，难怪有人宁愿毕其一生的精力，不远万里在地球上追寻、研究和保护雪豹。美籍著名世界野生动物专家乔治·夏勒博士就是这样一位受人敬重的科学勇士，他从上世纪60年代就开始了在中国的科学考察。

"在雪豹的家乡，不见雪豹，只见雪豹皮"

1990年夏，乔治·夏勒博士又一次来到中国青藏高原，继续寻找神秘而珍稀的雪豹。在经过3个月之久的野外考察即将离开时，乔治·夏勒博士突然得到一条关于雪豹的"重要线索"。他喜出望外，日夜兼程，待紧赶慢赶来到青海西宁市郊的某乡时，看到的却并非生龙活虎的雪豹，而是被警方缴获的40张雪豹皮。摸着这一张张绵软、温柔，仿佛还散发着雪豹生命体温的毛皮，这位一生都在寻找雪豹的老人禁不住双手颤抖，无语凝噎。当他得知一个叫湟中县的地方有不法分子一次就猎杀了14只雪豹时，更是无法掩饰自己内心的无比悲愤，一再发问："他们怎么能这样残忍?!"

也就在这一次，乔治·夏勒博士听到了这么一个令他吃惊得有点不敢相信的故事：

有一年冬天，有个藏族牧民早早出门去喂羊，突然发现在羊圈附近的栏杆下，悄然站立着一只威风凛凛的雪豹。牧民大惊失色，扭头就往回跑。但当他快跑到家门口时，并不见有雪豹追来，就出于好奇大胆地回头一瞧，这才发现那只雪豹仍站在原地，口中狺狺有声，只在原地不停地转圈。牧民这才恍然大悟，雪豹是被他昨夜下的"狼夹"夹住了!在善良的藏民眼里，狼总是成群结队地袭击羊群，而雪豹不是。雪豹这种勇猛、高贵且像少女一样美丽害羞的"王者"，如果不是出于饥渴难耐，是不会轻易袭扰和伤害牧人的。这只雪豹之所以下山来，肯定是自己饿极了，或者为了嗷嗷待哺的儿女……对啦!它腰身那么粗，肚皮那么大，显然是只正在孕期的雌豹。

想到这里，牧民犹豫了。如果抓住这只雪豹，偷偷处理了肯定能赚一大笔钱。但是，我怎么能去杀一只即将做母亲的生灵呢?罪孽啊罪孽!菩萨知道了也会降罪的。于是，那位牧民决定亲手放掉雪豹。因为怕出意外，牧民随手拎了一根棒子在手里。起先，雪豹见有人拿着棒子走来，先是停住挣扎，将头伏在地上，腰背弓起，长长的尾巴钢锥似的上翘，龇咧嘴，两眼喷火，做出随时准备进攻的架势。牧民猜到了雪豹心中的惊惧和愤怒，就将棒子远远地摔开，好言劝解道："豹子，你快做妈妈了，我要放你回山去。你如果愿意，就摇3下尾巴。你如果不愿意，我只好去找人来商量，我也怕你呀!"万没想到，奇迹发生了。只见那只雪豹目光渐渐柔和起来，放下了弓腰鼓背的架势，原本倔强如强干的尾巴也松弛下来，最后轻轻地摇了3摇。牧民大喜

过望,就慢慢走过去边哄边说,解开了狼夹。雪豹虽然一只前爪被夹得血肉模糊,但很快就一瘸一拐地跑上山去了。直到跑出好远好远,它还回头来留恋地张望……

尽管这也许只是一个民间传说,但乔治·夏勒博士听得津津有味。一听完故事,他就迫不及待地问:"后来,他再也没有见过那只雪豹吗?我能见见这个善良的牧民吗?"讲故事的人说,牧民常年转场、搬家,又没个确切的名字,一时恐怕很难找到。不过,听说那个牧民后来曾经梦到过那只获救的雪豹。它领着3只小雪豹来向恩人告别,说有人的地方太危险,它要搬家去可可西里,也许还要去阿尔金山,去天山……乔治·夏勒博士太想找到那只传说中的雪豹了,因此他一次又一次地来新疆寻找。然而,在持续寻找了多年之后,这位满头白发、瘦而高挑并被一位中国藏族专家形容"绝对权威,又有点挑剔"的老人,不得不有点失望地感慨道:"在雪豹的家乡,不见雪豹,只见雪豹皮。"

魔鬼谷,雪豹和盘羊惊险惨烈的一幕

乔治·夏勒博士数十年如一日坚持寻找雪豹的故事,通过联合国官员江·亥尔博士之口,传到了探险家赵子允的耳朵。在野外跑了大半辈子的赵子允,坚信自己一定能找到雪豹。

果然,2003年11月中旬,赵子允在阿尔金山"魔鬼谷"考察探险时,用一架高倍望远镜看到了也许只有在央视《动物世界》才能看到的精彩场景——

对面不远处的山岩上,一只雪豹正在追逐一只"大头羊"(盘羊)。只见大头羊慌不择路,在前面狂奔,雪豹紧随其尾,在后面追击。大头羊眼看穷途末路了,就奋不顾身纵然一跃,跳下十几丈高的悬崖,摔倒在地。身轻如燕的雪豹也纵身跳下,扑上去一口咬住大头羊的脖子,死死不放。坚持了大约十几分钟,雪豹才慢慢松开口来,然后从容不迫地剖腹挖心,坐下来一点点开始享用这顿美味的早餐。这一幕直看得赵子允心惊肉跳,连大气都不敢出一口。

雪豹和老虎、狮子等高贵的大型食肉动物一样,虽然勇猛、凶暴,但一般情况下并不主动攻击人,除非"狭路相逢"或者饥饿难耐,还有就是无端的搅扰。比如那天赵子允就像看电影似的亲眼目睹了雪豹捕猎、进食的全过程,幸好没被雪豹发现,否则它就会不顾一切地扑上来攻击你,起码赶走你。因为雪豹有护食的天性,在它捕猎和用餐时,绝对不许别人打扰。那只捕猎到大头羊的雪豹进食到一半时,从其他不知什么地方慢悠悠地转来两只小雪豹,从容不迫地与胜利者分享美餐。

"那是一家子!"赵子允后来对记者说,"那只大的也就是咬死大头羊的,是豹妈妈,那两只小点的肯定是它的儿女。否则,它是绝对不会发扬'共产主义风格'的!"

据有关专家介绍,雪豹的捕猎时间不定,但主要还是在黎明和黄昏。雪豹捕食采取的是一种机会主义方式,以猫科动物特有的伏击式捕猎。它几乎可以捕捉到任何它能找到的有蹄类动物,比如驼鹿、岩羊、盘羊、北山羊、藏羚和原羚等,至于野兔、鼠兔和旱獭这些小型哺乳动物,对雪豹来说也就仅仅是正餐外打打牙祭而已。别看雪豹体形不大,一般长约 1.8~2.3 米,肩高不过 60 厘米,体重约 50 千克上下,但在需要的时候,它敢于向比它高大许多的野牦牛和野骆驼发动进攻。一只成年雪豹平均每年要捕食 20~30 只成年的岩羊大小的动物,每月平均两次。雪豹一般会将食物保存 2~3 天,直到吃得一干二净。

2004 年 11 月,马鸣和他率领的"新疆雪豹野外考察队"在托木尔峰的一处谷地里发现了 8 头野牦牛的残骸,经考证这显然是雪豹的杰作。因为在这个地区,体形高大、性情暴戾且素有"高山之王"封号的野牦牛,除了雪豹还有谁敢对它下手?更何况就在附近的岩石上,还残留着雪豹擦留的炫耀战果的血迹。

2005 年 10 月,马鸣又率领一支考察队来到新疆托木尔峰,对雪豹进行实地追踪考察。在当地柯尔克孜族牧民的帮助下,马鸣率领考察队员来到了托木尔峰下的木扎特河谷。这里人迹罕至,常有雪豹出没,马鸣决定将考察重点放在河谷沿线。为了全方位跟踪观察,他们将 36 台红外线自动照相机和 GPS 卫星定位跟踪仪安装在雪豹经常出没的地方。这种照相机不仅可以在白天和黑夜都能清晰地拍摄,而且在-20℃的低温下也能照常工作,非常适合在高寒恶劣的环境下追踪动物。用这种先进的照相技术追踪记录雪豹的野外生活在我国尚属首次。考察队布设了 36 台红外照相机,在 16 个地点拍摄到清晰雪豹照片约 32 张。使许多从事雪豹研究多年的人员首次见到雪豹清晰的照片。

追寻神秘的雪豹不仅仅限于新疆,也不仅仅是马鸣。2006 年 3 月,在国际雪豹基金会的资助下,中国科学院动物研究所在青海省都兰县昆仑山支脉的都兰国际狩猎场开展了为期两个多月的雪豹考察工作,拍摄到 8 张雪豹照片,这是研究人员首次在青藏高原拍摄到雪豹的野外生态照片。考察期间,研究人员不仅从当地村民处了解到雪豹经常出没并捕食野生动物和家畜的情况,而且还在山坡台地、河谷等地方发现了雪豹留下的足迹、粪便以及捕食岩羊等猎物的残骸等。据负责考察的中国科学院动物研究所研究员蒋志刚介绍,潜在猎物的数量和分布决定着食肉动物的种群数量和分布。青海都兰国际狩猎场有蹄类动物的密度明显高于新疆天山和青海可可西里等雪豹分布地区,作为食物链顶级动物的雪豹在这个地区有充足的食物资源,加之当地农牧民信仰藏传佛教,不捕杀野生动物,使雪豹在青藏高原境内有稳定的种群和数量并繁衍生存下来。

人类的补偿行动:保护雪豹刻不容缓

2007 年 2 月 8 日,石河子的于先生在乌苏一带山上采玉时,3 次遇到了六七只雪豹。专家认为,这可能意味着,在天山中部,除了托木尔峰地区外,还存在着其他的相对集中的雪豹分布区。科学家们也已经从多年的追踪考察中证实:天山中部的托木尔峰地区是新疆雪豹分布最为集中的地区。专家估计,在该地区 200 平方千米的范围内,约有 5 只雪豹活动。这个分布密度远远高于国际雪豹专家夏勒博士 1989 年所公布的数字:新疆 17 万平方千米栖息地有 750 只雪豹。

据马鸣介绍,新疆之所以启动雪豹保护计划,是因为雪豹的生存状态正在急剧恶化。这不仅仅是自然环境的恶化,更是人为环境的恶化。基于利益和贪婪,人类即便不直接猎杀雪豹,但肆无忌惮地捕杀像藏羚羊、野鹿、野牦牛等具有较高经济价值的野生动物的行为, 其实也就是在间接地消灭雪豹, 因为它破坏了动物的食物链。雪豹是纯肉食动物,没有了可供捕杀的动物,它岂不饥寒交迫? 更何况, 人类最愿意将罪恶的手伸向雪豹——这个神秘、美丽全身都是宝的传奇英雄。在新疆,雪豹被猎杀的事件也层出不穷。

2001 年 8 月,阿克陶县有个牧民用兽夹捕获一只成年雪豹,杀死后将皮张拿到市场交易,被举报抓获。他因此不但被判了 10 年重刑,还被处两万元罚金。但是,这并不能从根本上杜绝人类对雪豹的暴行。

2004 年 5 月 8 日下午,哈密市公安局林业公安分局接到举报:有人在市区出售野生动物的毛皮和肉骨。警方立即出动,当场将犯罪嫌疑人人赃并获。据疑犯供认,这些毛皮和肉骨是某农场的阿某提供的。后经警方调查核实,原来,2004 年 1 月 17 日夜,一只雪豹悄悄来到阿某家羊圈的附近,不意被狼夹夹住,阿某就用石块将雪豹残忍地杀害,运回家后剥皮、剔骨,一直藏匿到现在。后经专家鉴定确认,这是一只七八岁的正值壮年的雄性雪豹。

2004 年 8 月 26 日,马明和同事在新疆大巴扎亲眼看到约 60~80 个豹爪被明目张胆地出售,他们无不心疼得滴血:这可是十几只活生生被残害的雪豹的命啊!

人类猎杀雪豹还有一个重要的原因,那就是报复!因为草食野生动物的大肆被捕杀,导致雪豹饥饿难耐,不得不趁月黑风高夜偷偷潜入靠近山野的村寨,捕食家畜。捕食家畜自然激起了牧民对这种昼伏夜出、凶猛而神秘的动物的惧怕和憎恶,于是就不惜利用各种手段来伏击雪豹。在这个时候,法律已经很难约束他们。2003 年 4 月,在东天山下一户牧民家,深夜赶来偷袭羊群的一只成年雄性雪豹,刚刚跳进羊圈,即被提前埋伏在里面的牧民一顿乱棍打死。

对于雪豹来说, 目前地球上最安全的地方, 恐怕就是各个大大小小的国家公园、野生动物园和动物园了,人工喂养当然也是保护这一珍稀野生动物不可或缺的方式之一。然而,雪豹毕竟是大自然之子,它的理想家园绝非高栏铁门的公园,而是在罡风呼啸的山冈。它天生处于食物链的顶端,非靠捕猎不足以显示自己的英雄气势,更不习惯被人关在笼子里吃嗟来之食,供人观赏、嬉戏、玩耍。园养的雪豹,只能导致其天性丧失,种群退化。

"因此,保护雪豹刻不容缓!"马鸣神情凝重地对记者说,"这个项目已经启动,我们将会全力以赴地做下去，也算是人类对雪豹的一种补偿和赔罪吧！"

雪豹，无国界的精灵理当受到"无国界保护"

　　雪豹是亚洲高山生态系统中的"旗舰"物种。雪豹如果遭到灭绝，将意味着高山生态系统的彻底破坏甚至毁灭。新疆又是世界上雪豹最集中的栖息地，天山则是新疆雪豹的最好家园。保护天山雪豹，对于保护雪豹物种具有举足轻重的意义。目前，雪豹的保护工作在国际上得到了广泛重视，经过几十年的摸索，世界各国已经形成了一些保护雪豹的有效措施。那些曾经大量捕杀雪豹的蒙古猎人们如今也纷纷放下猎枪，并开始用照相机捕捉雪豹矫健的身姿，以唤起人们对雪豹的关爱。

　　雪豹的栖息地之一——吉尔吉斯斯坦，曾于1999年和德国"自然保护联盟"携手开展雪豹保护工作，成立了一个技术性很强的工作组，致力于打击走私、查封市场通道，以及有效制止黑市交易。同时，吉尔吉斯斯坦政府为了向当地居民宣传雪豹保护政策，还出版刊印了多篇关于保护吉尔吉斯斯坦雪豹的科普文章，并主持召开了学者研讨会。1999年5月，在当地的Aksu-Djabagly自然保护区召开了一次以"中亚雪豹保护"为议题的地区研讨会，在这次会议的基础上成立了一个保护中亚雪豹的国际性组织"Asia Irbis"。在该组织的主持下，中亚各国政府建立了有效的保护体系，成立了打击偷猎和贩卖雪豹的专门工作小组，发动当地居民揭发和制止非法猎捕雪豹的行为。经过多年的努力，如今，中亚地区的雪豹数量开始回升，从上世纪80年代的近200只上升到目前的近230只。

　　由于雪豹袭击家畜而造成牧民与雪豹的冲突，是雪豹保护的一大难题。对于这一难题，我国至今尚无一可行的解决对策。俄罗斯则在这一方面为我们提供了宝贵的经验：为了避免雪豹因吞食牧民的牛羊而被猎杀，俄罗斯政府专门成立了用来保护雪豹的"绿色赔款"。在西伯利亚图瓦山区，家里有牛羊被雪豹咬死的农户，都可以从动植物保护者那儿得到赔款。在俄罗斯，雪豹咬死每只羊和每头牦牛的赔款数额是：羊的主人可以从自然基金会那儿得到15美元的赔款，牦牛的主人可得75美元，这对于俄罗斯的穷困山区来说数额颇为可观。

　　毋庸讳言，目前我国的雪豹保护工作还存在着诸多的不足。据估算，新疆境内共有雪豹约1200只，雪豹的总生境达16万平方千米，而其中只有5%的生境建有自然保护区。今年年初，国际雪豹基金会对国家林业局，中国濒危物种进出口管理办公室，中国野生动物保护协会，新疆、西藏、青海、甘肃等地的野生动物行政主管部门作了一次问卷调查，调查结果显示，60%的被调查者认为我国的保护区系统没有足够的能力保护雪豹和它们的猎物种群，其中影响保护区能力的最主要原因是"保护区系统的经费不足"和"保护区职工的技术技能较低"。

乌鲁木齐,有一只会说维汉两种语言的巧嘴鹩哥

鹩哥,又名叫秦吉了、九宫鸟、海南鹩哥、海南八哥、印度革瑞克,属雀形目、椋鸟科。体大(29厘米)的闪辉黑色八哥,具明显的白色翼斑,特征为头侧具橘黄色肉垂及肉裾。虹膜深褐,嘴橘黄,脚黄色。叫声为响亮、清晰、而尖厉的tiong声,各种清晰哨音及模仿其它鸟的叫声。主要分布在印度至中国、东南亚、巴拉望岛及大巽他群岛。其亚种intermedia为留鸟,见于西藏东南部、南方包括海南岛的热带低地。鹩哥喜欢栖于高树,多成对结群活动。

鹩哥雌雄鸟同色,从外表很难区分。一般地说,雌鸟体羽金属光泽较淡,其头后的肉垂较小,因其产地不同头后肉垂大小略有不同,因此其性别需仔细观察方能鉴别。亦可通过对泄殖腔的观察来鉴别,泄殖腔内若有突起者为雄性,若无突起且扁平者为雌性。还可根据体形大小和头形综合加以区别。头形大而圆、体形大者为雄性;头形小而尖,体形也小者多为雌性。

大海捞针,找到扬名"新华网"的巧嘴鹩哥

人人都说八哥嘴巧,其实鹩哥的嘴比八哥更巧。尤其是马木提阿吉养的那只鹩哥,不但巧嘴呱呱能说维语和汉语,还会背诵唐诗,被人们誉为它主人的"迎宾小姐"。日前,记者在乌鲁木齐市宁夏湾某干果交易市场,有幸见到了这只巧嘴鹩哥,并与它进行了面对面的热情"对话"。

2005年初的一个清早,记者顶着奇寒赶往从未去过的"宁夏湾",寻找那只据说都上了"新华网"的鹩哥。记者知道鹩哥会说话,也见过会说几句简短话语的鹩哥,但还是不太相信一只小小的鹩哥,非但会说汉语,会说维吾尔语,又会背诵唐诗……这岂不成"鸟精"了吗?

在偌大的一个"宁夏湾"寻找一只小小的鹩哥,简直就像从大海里捞针。记者边走边问,转悠了大半晌才终于看到有个干果交易市场,就走进去打探。这个市场看上去挺大,两边都是店铺,店铺内外摆满了巴旦木、杏仁、核桃、葡萄干和无花果等新疆特产干果,做买卖的老板大都是维吾尔族老乡,远远见有人走近,就用阿凡提式快活、幽默的口吻大声地吆喝:"快来买呀,快来买! 好吃的葡萄干,甜蜜的无花

果！尝上一口,叫你一辈子忘不了……"就在这诱人的吆喝中,还时不时地夹杂着"老板你好！老板你好！""欢迎光临！欢迎光临！"的招呼声。这声音清脆、响亮,又略带稚气,跟一般成人的声音不太一样,有点像三五岁的小孩。起初,记者还以为是那些精明的店老板教自己的"巴郎"(维语:男孩)学着招徕生意呢,但环视周围竟然没见到一个"巴郎"。突然,记者发现左侧第一个店铺前,高高地挂着4个鸟笼,每个鸟笼里都有一只鸟儿在蹦蹦跳跳。刚才夹杂在老板们高声吆喝中稚里稚气的"童音"好像就是从那儿发出来的。记者又惊又喜,就快步走了过去。就在记者走近这家干果店的时候,挂在空中鸟笼中的3只鹩哥突然口齿清晰地叫将起来:"欢迎光临！欢迎光临！""老板你好！老板你好！"

见鹩哥们都这么热情,记者真不忍心冷落它们,就以连声的"你好你好"做答。记者的友好回答似乎更激励了它们,3只鹩哥欢呼雀跃,又异口同声地回答:"你好你好！你好你好！"如果记者是顾客,就冲着这3只巧嘴鹩哥的友好热情,今天无论如何也得慷慨大方地掏腰包了。

店老板是个长相敦厚、满面红光的维吾尔族中年汉子,他正坐在那儿,笑咪咪地看记者与他的鹩哥们"聊天",记者凭直觉开门见山地问:"您就是马木提阿吉吧？"

"我是马木提阿吉。"马木提阿吉对我这个陌生的汉族人能一口叫出他的名字,显得有点吃惊,略显惊讶地反问:"你是……"记者笑笑,就掏出证件递给他。他显然不太认识汉字,这时旁边几个做生意的维族老板都围了过来,有认识汉字的就对马木提阿吉说:"他是记者。""记者？"马木提阿吉一听,似乎才放下心来,随即换上另一种喜悦又轻松的表情,用狡黠的目光盯住记者问:"你是不是也来采访我的鸟儿？给多少钱？"他微笑着伸出右手来,惹得旁边几个人全都笑了。记者也明白他和所有天性开朗诙谐的维吾尔老乡一样,是在开玩笑,就向他介绍了他的鹩哥是如何"大名鼎鼎",听得其他几个老板都禁不住啧啧称羡道:"马木提阿吉,你的鸟儿了不起！连'口内'(新疆人对内地的通称)和北京都知道了。人家记者免费来给你和你的鸟儿做广告,你还好意思要钱吗？"大家一番话说得马木提阿吉反倒不好意思起来。马木提阿吉汉语说得非常好,于是记者就坐下来,认真地听他聊他与他的巧嘴鹩哥的故事。

"哈哈哈哈！我不是一只傻鸟！"

我今年36岁,是土生土长的喀什人。10年前,我举家来乌鲁木齐做生意,靠自己的劳动过上了幸福温馨的小康生活。我从小就特别喜欢养鸟,刚来乌鲁木齐时,曾经养过一大群鸽子。然而,在乌鲁木齐这样的大城市养鸽子限制太多,也不受邻里街坊们的欢迎,我经常因为鸽子粪弄脏了别人的阳台和衣物不得不向人家陪笑

脸、说好话。养鸽麻烦事实在是太多了，我一下狠心，干脆把一大群活泼可爱的鸽子忍痛送了人。

送走心爱的鸽子后，我难过了好长时间，寂寞难耐，于是又买了几只画眉回家来养。画眉虽然娇小、漂亮，可惜太活泼好动了，一天到晚"歌声"不断，吵得我头痛，吵得家人每天都休息不好。后来在老婆和"巴郎"（维语：儿子、男孩）的强烈"抗议"下，我又忍痛把那几只画眉送给了朋友。

也许自小养鸟儿养上了瘾，一天看不见鸟儿我心里就空落落的。听说八哥会学人说话，我马上产生了好奇心，就跑到华凌的花鸟市场准备买八哥。到了花鸟市我看有一种鸟儿，浑身黑黢黢的就像天上飞的小乌鸦，却长着黄黄的嘴巴，还有黄黄的耳廓，我问这是什么鸟儿？买鸟的老板们向我介绍说，这是鹩哥。你别小瞧它，它不但长得比八哥漂亮，而且比八哥更会说话，还聪明伶俐、通人性，买一只回去养，只要教会它说话，绝对地乐趣无穷哩！我听得动心，看得也打心眼里喜欢，就干脆花200元买了一只回来。

刚买回家时，这只鹩哥很小，十几公分长，生下来还不到3个月，根本就不会说话。每天，我除了好吃好喝地"伺候"它，闲下来的时间就是教它说话。由于买新疆特产干果的顾客，大多是从"口内"来旅游观光的汉族"同志"，我就决定先教鹩哥说汉话："你好！你好！"起初，这小家伙根本就像没听见一样，我嚷嚷上老半天，喊得口干舌燥，它却连一点反应都没有，只在笼子里扑愣愣乱飞，显得烦躁不安，或者干脆缩成一团，眯起两只小眼睛打瞌睡。见我一天到晚除了做生意，就是教鹩哥说话，教得那么辛苦却不见成效，我那些一块儿做生意的朋友就忍不住奚落我和我的鹩哥，说："马木提阿吉，这是一只傻鸟儿！你想让一只傻鸟儿说话，岂不比鸟儿更傻？哈哈哈哈！"

"别胡说！"我有点生气，不服气地回敬他们道："你们刚从妈妈肚子生出来的时候，就会说话吗？我的鹩哥才出生3个月，还是个不懂事的鸟娃子呢，明白吗？再说啦，我的鹩哥是高贵的鸟儿，喜欢玩深沉，没听过有句名言叫'沉默似金'吗？我的鸟儿就崇尚'沉默是金'，懂吗？等我的鸟儿活到你们这个岁数，不光会说话，还会吟诗、唱歌呢！"朋友们都笑着说我"吹牛"，我更不服气，说："不信？咱走着瞧！"待朋友们走后，我回头又对鹩哥说："我美丽聪明的鸟儿，你就争口气说句话给他们看看，气死他们！要不然，他们都以为你是只傻鸟呢！"

"哈哈哈哈！"万万没料到，我的话音还没落地，鹩哥竟然发出跟刚才那些人奚落我时一模一样的笑声，冷不丁吓了我一大跳！我凑上前去看鹩哥，鹩哥也用它那双又黑又亮的小眼睛望着我，好像有什么心里话要对我讲。我心里一阵激动，就像跟我的巴郎艾拉巴提小时候交谈一样，说："你会笑了，是吧？再笑一个看看！"

"哈哈哈哈！"鹩哥果然又是一阵朗朗的大笑，好像在以这样不屑的口气告诉那些笑话它的人，"我不是一只傻鸟！"

"有门!"凭直觉我感到,我的鹦哥马上就要开口说话了!于是,我就更加认真耐心地教它学说话。

第三天,是一个风和日丽阳光灿烂的好日子,那天我心情特别愉快,精神舒畅,一大早就来到鸟笼前,边给它喂食边像平常那样,随口问候了鹦哥一声:"你好!"

"你好!"这一声清脆而略带稚气的回答,令我吃惊不小,是鹦哥吗?是鹦哥在回答我吗?我简直有点不太相信。但回头看看,我的巴郎不在,老婆也不在,周围更没有任何人,不是鹦哥是谁?难道,它真的说话啦?"你好!""你好!"又是两声,这清脆悦耳的声音果然是从鹦哥那金黄的小嘴里蹦出来的。它会说"你好"了!它真的会说话了!我的鹦哥终于会说话了!我兴奋地边跳边喊,恨不能让全乌鲁木齐的人都听见。

"你好你好!"我一句。
"你好你好!"它一句。
"你好你好!"我一句。
"你好你好!"它一句。
……

鹦哥好像受到老师鼓励和表扬的小学生,和我就这样一路像老朋友似的互致问候,穿过满街行人羡慕的目光,来到了市场。

学会了背诵"床前明月光"

一进市场,我就抑制不住内心的激动和兴奋,向大家报喜:"你们快来看,我的鹦哥会说话了!"

"吹牛吧?马木提阿吉。"左邻右舍都跑过来看稀奇,但半信半疑,围住我的鹦哥等它说话。我就满有把握地逗鹦哥:"你好!"谁知,鹦哥又恢复了往日的"呆傻",任我怎么"软硬兼施",它只在笼子里蹦蹦跳跳,紧闭着金子一样的小嘴,就是一言不发,这让我好没面子。朋友们见状,又开始七嘴八舌地说我是在吹牛,我真是百口莫辩啊!

待大伙儿离开后,我就把鹦哥好一顿数落。谁知,鹦哥又开口了,冲着我齿清晰地喊道:"你好你好!"这小家伙可真会捉弄人。我见我朋友的儿子阿布拉江正在过路,就朝他大喊:"阿布拉江——,快来看,我的鹦哥又说话了!"阿布拉江今年16岁,最喜欢我的鹦哥了。谁知我的喊声还没落地,鹦哥就学着我的口吻和语气也喊道:"阿布拉江!"阿布拉江认真地一听,当确定果然是我的鹦哥在喊他的名字时,马上又惊又喜地跑过来,对鹦哥说:"鹦哥,再叫一声'阿布拉江'。"

"阿布拉江!阿布拉江!"鹦哥显然受到了鼓舞,又连声地叫道,这次一下子把所有走过来的人都惊呆了,当时我心头的那份感动与得意呀,简直都没法拿语言

来形容!

自从那天开始,我更增强了"教育"鹩哥的信心。每天一闲下来,我就教它说话。我教一句,鹩哥学一句,短短半个月,它就学会了"欢迎光临"、"老板你好"、"恭喜发财"、"接电话"、"再见"等日常用语。鹩哥的聪明和巧嘴,也引起了我老婆和巴郎的兴趣,只要回到家,他们母子两就抢着教鹩哥说话。渐渐地,鹩哥不但汉语说得一溜一溜的,还学会了不少维语,而且能恰到好处地运用。

有一次,我家里来了几个客人。平时冷清的家里一热闹,鹩哥也像小孩子似的犯了"人来疯"病,又是唧唧喳喳说话,又是"哈哈哈哈"大笑,一会儿汉语,一会儿维语,闹得不亦乐乎。客人们都被它"征服"了,围着它问这问那,它的每一声稚气的话语都惹得客人们捧腹大笑。下午客人们要走,我和老婆送到院子,招手刚说了一声"荷西"(维语:再见),我的鹩哥也跟着"鹦鹉学舌",连着声儿地喊"荷西荷西! 荷西荷西!"把已经走出大门的客人又招回来,郑重其事地与它"荷西"了一番。

自从鹩哥会说话,我的店里来人明显多了,因为凡是走进市场的人,最先就能得到"你好你好"、"欢迎光临"的亲切问候,临走时还会带走"再见"、"荷西"、"恭喜发财"的良好祝愿。它几乎成了我的"迎宾小姐"(这是只雌鸟)。而市场里的朋友们开玩笑说,马木提阿吉,干脆让你的鹩哥做我们的"形象大使"吧!

既然是"迎宾小姐"和"形象大使",就要有良好的文化修养。我的巴郎艾拉巴提正读小学,刚学会了一首由大诗人李白写的唐诗《静夜思》,就给鹩哥一句一句地教:"窗前明月光,疑是地上霜。举头望明月,低头思故乡。"我说:"鹩哥它毕竟是只鸟儿,能学会背诗吗?"艾拉巴提满有信心地说:"它既然会说话,就会背诗,我们试试嘛!"

让一只鸟儿背诵唐诗,虽然不是"赶鸭子上架",但确实也不容易。艾拉巴提教上十句八句,鹩哥能学一句半句也就不错了。不过我也坚信,我的鹩哥既然能学会说那么多话,说维语和汉语,也就一定能学会背诗。鹩哥每天回到家里,巴郎教,老婆教,来到市场我教,我的这些朋友都来教。为了教鹩哥,我不但跟我的巴郎学会背诵这首唐诗,市场里几乎所有的维族老乡都会背诵,他们只要一有空,就来给我的鹩哥"灌耳音"。就这样坚持了半年多,我的鹩哥终于能背诵这首脍炙人口的唐诗了。现在,只要有人来先提示上句"床前明月光",我的鹩哥准能明确无误地接上"疑似地上霜……"

我给我的鹩哥"约法三章"

据说有人养鹦鹉、八哥和鹩哥等"巧嘴鸟",因为无意或故意教它们说脏话、骂人,而引起邻里纠纷,甚至打官司。我给我的鹩哥约法三章:1.不许学粗话、脏话;2.不许骂人、损人;3.不许胡说八道。

有一阵儿，鹩哥不知从谁的嘴里学会了一句脏话，见到生人就喊"傻瓜"，这令我非常尴尬，也非常恼火，就狠心饿了它整整一天。我耐心地教育鹩哥说："你是我们市场的'形象大使'、'迎宾小姐'，怎么能讲脏话呢？讲脏话不是好孩子，明白吗？如果你不听，再学脏话、粗话，我不光是要饿死你，还要送你去喂猫，知道吗？"我也不知道它能不能听懂我的谆谆教诲，反正调教了几天后，它再也没说过一句脏话。我个人认为，鸟儿也跟巴郎子一样，学好学坏，全看大人是怎么调教和引导的了。

这只鹩哥来我家两年时，我又先后花几百元买了两只雄性鹩哥，本意是想给这只聪明伶俐的"小姐"配对儿，因为它已经 4 岁了，到了恋爱、结婚、生育的年龄了。为了增进它们之间的了解，培养它们之间的感情，尤其是能够"门当户对"，我使出浑身解数教新来的两个"巴郎"学会了不少简单用语（除了还不会背诵唐诗）。然而，好几次我把两只雄鸟分别放进它的"闺房"，都被它一顿狂啄，不得不拿出来。难道它是"独身主义"，不喜欢搞对象？这个谜我至今不解。别人说，公园里的鹩哥为啥雌雄同屋，卿卿我我，相处得那么好？因为它们有大房子。而你呢？弄这么小的鸟笼就想让鹩哥结婚、生子，太寒酸了，"小姐"肯定不干！看来，我得给我的"迎宾小姐"准备一间像样的"新房"了，我不相信它不想"搞对象"。

我的鹩哥自从会说维语和汉语，又会背诵唐诗后，前来看望的人络绎不绝，还有人一来就财大气粗地问："卖不卖？1000 元！"

我笑着礼貌地摇摇头。

"3000？5000？10000！"

我干脆利落地一口回绝："一百万我也不卖。因为对我来说，它已经不是一只鸟儿了，而是我的朋友，我的孩子，我家庭中的一员，知道吗？今后我不但要教它说更多的话，说维语、汉语、学英语、俄语，背更多的诗，唐诗、宋词，而且还要教它唱歌，唱新疆民歌，唱维语歌、汉语歌，还要申报吉尼斯世界纪录呢！"

不久前，记者再见这只鹩哥，听它用嘹亮的嗓音问候："老板你好！亚克西姆赛斯（维吾尔语，意为'你好'）！"，一边重复，一边吹奏响亮的口哨，还得意地自言自语，一会儿用汉语，一会儿用维吾尔语，从"天气很好"说到"身体健康"。待看到店铺旁围满了人，大家欢喜不已，又对它指手画脚，你一言我一语地教它说这说那时，它反而躲在那儿不吱声了，埋起毛茸茸的脑袋不知是假寐，还是装傻？

我家的猫

善待动物

起先,根据女儿的提议,家里养了一只小白兔。女儿高兴坏了,每天放学一进家门首先就问:"白雪公主,你好吗?"只要一听到女儿的声音,小白兔立即就显出莫名的兴奋,上蹿下跳,无所顾忌。然而,小白兔太脏,它要吃青草,随处随时大小便,还经常猝不及防就蹦上床去,折腾个一塌糊涂!

对这个一点也不温柔和干净的"白雪公主"我忍不住常常动粗,于是惹得女儿泪眼盈盈, 悄悄跟她妈妈告状说:"我爸爸对兔子咋那么狠? 她不就是一只兔子吗?"是啊! 她不就是一只兔子吗?我对自己的粗暴行为有所反省。因为每当看到兔子一见我就慌不择路魂不附体的样儿,连我自己都感觉形象太差了,起码在兔子眼里。

小白兔很快长成了大白兔,吃得更多,也拉得更多,更胡作非为了! 一个朋友说:"让我提回去,宰着吃了算啦!"女儿为此大恸:看谁敢宰我的"白雪公主"! 在9岁的女儿眼里,"白雪公主"已经不仅仅是一只兔子了,伤害她无疑是在伤害另一颗幼小而善良的心。

经多方诱导和劝说,女儿终于同意把兔子送人,但必须由她亲自送给同班一位叫红娟的小女孩继续善待饲养,她才放心。送走兔子之后不久,我拗不过女儿稀里哗啦的眼泪,又为她抱回一只小白猫,取名姣姣。因为有了姣姣,女儿也就渐渐地淡忘了那只可怜的兔子。从此,姣姣带给我家的除了欢乐,更有说不完的烦恼和故事……

混血儿姣姣

姣姣是我用朋友的"公爵王"接到家的,可见她身份的高贵。当年我娶老婆来我家,只能用我那辆破"鸵鸟"自行车的后架。后来,宝贝女儿在医院出世,被迎回家时也才坐了辆四面透风的北京吉普"212"。

姣姣左眼略泛蓝光,右眼闪烁金黄(俗称"金银眼",也叫"鸳鸯眼"),浑身雪白,头顶两耳间又有一丛淡淡的黑毛。这都足以证明了她既有波斯的贵族血统,又有我华夏的遗传基因,是典型土洋结合的产物,绝对具有"杂交优势"。

姣姣也许知道她的身世不凡,因此尽管刚进家门时也就三四个月大小,却整天拿着林妹妹那样的架式,要么卧在床塌上昏睡百年,慵懒倦梳妆;要么独自蹑手蹑脚,从这屋到那屋,逍遥漫步。平时,她对我们一家3口俗不可耐之人,皆不屑一顾,懒得答理,惟有饥肠辘辘了,才不得不昂起娇小的脸蛋,无奈地"喵喵"几声。对饭菜连同餐具,她都格外挑剔,老婆几乎成了她的专职厨娘和保姆。正因为老婆在她眼里地位"低贱",她才常常挥起玉手,打得老婆抱头鼠窜。她还爱欺侮"姐姐"——我的女儿,已惹得她不知雨打梨花哭了多少次。惟独对长相并不凶狠的我,姣姣始终敬而远之。

"公主"的娇弱多病身

白猫姣姣已经无可争辩地成了骄傲的"公主"。在我们这个4口之家,我是"皇上",老婆滥竽充数为"皇后",女儿曾位居"公主",自从姣姣进家以来,她则主动退下来做了"侍应"。"侍应"满足姣姣的一切愿望。

姣姣一日三餐,不吃五谷杂粮,只吃肉。姣姣晚上睡觉,不去其它地方,坚决上床。姣姣兴奋时,能将花盆里的土拨拉满地,并用小手将所有开放的花朵一片一片揪下来,一朵不剩。姣姣一旦生气,就扔沙发上的坐垫,一个挨着一个,毫不含糊。平时,她当然都自觉去卫生间大小便,但也不排除偶尔在沙发上撒一泡臊尿,那肯定是她犯懒病了!当然,干了这号不要脸的事,她必定先得钻进沙发或柜子底下"避避风"。我认为,她绝对比某些贪官污吏精明,很少"顶风做案"。

姣姣最想欺侮的是我女儿。我的女儿——10岁的4年级学生,已经被她抓破手指3次,气哭过5次。她最爱的是我老婆,只要我老婆一出门,她就开始垂头丧气。只要一回家,她就跟前跟后地像条尾巴,比当年的我还下贱。她最怕也最恨的自然是我了。因为只要发现我有任何不良企图,她立即豹眼圆睁,虎须直竖,吟吟出声,准备做殊死搏斗,保卫自己的尊严。我曾经无数次地对着她声嘶力竭地喊:"老子把你从6楼上扔下去!"

姣姣无言,只用一蓝一黄两只眼虎视眈眈地盯住我,毫无惧色!姣姣似乎已经知道了自己的身价和姓名。每次唤她,叫一声,她答一声,极少厌烦。然而,那天早晨,女儿唤她早起吃饭,她竟然极慵倦而不情愿地撒起娇来,身子不动,眼也不睁,只从鼻孔里发出声嗲来:ĕi-ĕimă-ĕi-,极像小女孩说"不——不嘛——不——!"全家人顿时大惊失色:这畜牲成精了不成?我说:"她若能讲一句话出来,我抱出去最少卖100万!"

"谁敢!"却见女儿柳眉倒竖,大声喝道,"谁敢卖我的猫,我杀了他!"姣姣则眯眼卧在床上,得意洋洋。

　　有一阵子，姣姣从早到晚没精打采，卧在老地方一动不动，也不吃不喝。稍一动她后背，她则"喵呜"一声尖叫，凄惨得令人毛骨悚然。"也许摔坏了腰！"老婆心疼得不行。"爸爸，快给她找医生看。她多可怜呀！"姣姣阅是女儿的宝贝，女儿比谁都急。"姣姣"也不再像过去那样讨吃讨喝，上蹿下跳，大小便就进卫生间，而是每天躺在床上睡大觉，只用一双大眼睛看人，即使起身也摇摇晃晃，一步一颤，从种种迹象看，小东西可能是在家里没有人时从高处摔下来，伤了腰。

　　见它那副病殃殃的模样，我日久生厌，免不了恶声恶气。尤其那天，我回家一看，它竟在崭新的床单上拉了一小块屎。我顿时勃然大怒，将欲逃不及的它抓过来，指着她的粪便厉声训斥道："你这畜牲，怎么在床上大便？我打死你！"我本想教训这畜牲一下，不料她"咪呜"一声，一口将那块粪便吞了下去。这猝不及防的举动，使我一下子惊呆了！继而双眼发热，那种负罪的感觉至今仍挥之不去。

　　女儿得知这一情况后，几天不理我，说："如果您是猫，别人那样对待您，您是什么感觉？"我几乎无话可说了！是呀，在女儿的心目中，姣姣已不仅仅是一只猫了，它也是一个有灵有性的生命。

　　人啊，都要善待生命，尤其是善良弱小的生命。为了安抚女儿，也为了减轻我的"罪孽"，求得心理的平衡，我和女儿将姣姣专程带到40千米外的昌吉市，找开宠物医院的同学诊治。几个老同学诊断了半天，也没看出啥毛病来，就给了一包"食母生"让我先喂喂看。

　　姣姣吃了药仍不见好转，就一直那样半死不活地躺着。某日，邻居给女儿送了条小沙皮狗。小狗一见姣姣，忙上前表示亲热，谁知姣姣浑身白毛倒竖，尾巴上翘，胡须直立，怒目圆睁，"嗤——"地一声扑上去，吓得小狗落荒而逃。姣姣的"腰痛"竟然不治而愈，真怪！

我家的"色情狂"

　　在我们一家大小的精心呵护和侍奉下，姣姣一天天地长大了，长得亭亭玉立，楚楚动人。除了每天必不可少的洗脸、梳身、照镜子，她就是两眼闪烁着青春的光采，开始卖弄风情。姣姣第一次发情，满房子乱窜，叫声如婴儿哭奶，真烦！

　　原以为姣姣只在春天寻找爱情，谁料她一年四季都"犯病"，叫声呜咽不忍卒听，已经够令人恶心的了，她还一次又一次恬不知耻地勾引我——她的主人。真不明白，姣姣怎么知道我是这个家中惟一的"公"性，总跟我纠缠不清。一开始她是上蹿下跳，夜不成眠，而且发出婴儿般刺人神经的呜咽声。我就知道，她到了求爱的年龄。过去只知道猫有"叫春"的毛病，却从未亲历过，一见姣姣那急不可待的神情，我就平添了一层烦恼。养这玩艺儿干啥？

　　"那你养我干啥？"女儿挺身而出，维护她可爱的姣姣。姣姣在我家的地位，始终仅次于女儿。女儿让姣姣叫我"爸爸",叫妻为"妈妈",她是顺理成章的"姐姐"。

"找只公猫吧!"妻说。我立即反对,训道:"这是在城市,不像乡下,哪儿去找公猫?难道真给它找'老公'?它要生猫娃子,那才更烦死人哩!"姣姣似乎听懂了我的话,竟用左蓝右黄的一双色眼,虎视眈眈地盯住了我。那目光简直像要吃人,令我不寒而栗!果然,从那一刻开始,姣姣一边"喵呜",一边就往我怀里钻,并用双眼怜惜地盯紧我,极其恬不知耻的抬起屁股,做出一些令人不忍卒睹的举动!

"这畜牲!"我勃然大怒,一脚踹开她,但她丝毫不惧怕地又贴上来,在我的身上又蹭又搓。她在我们家一年来,对我从来都是敬而远之。平时一见我,就像见了老虎似的躲开,绝不容我染指她洁白的身体。可现在,她在妻怀里一见我,就狠命地往前扑,无论我怎么打骂。她甚至对我的脏衣服臭袜子都怜爱有加,不是用鼻子闻就是用脸蛋亲。特别每当情潮汹涌时,她欲火中烧,竟然不顾一切地蹭上来,屁股一拱一拱的,还用一双火辣辣的猫眼勾我的魂!我气极了,一脚飞起,姣姣滚出丈余,但她翻身又蹭上来,摆出一副死都不怕的神色。我欲再行凶,老婆却心疼地一把抱起姣姣,骂我道:"她不就是一只猫嘛!如果是个'小姐',恐怕你还求之不得呢!"我差点气个半死!

"姣姣爱上你了!咋办?"妻幸灾乐祸,"她怎么知道你是'公'的呢?"我又气又臊,哭笑不得!"别说是只猫,就是一个小姐,如果这么胆大妄为,我也害怕呀!"不堪其扰,赶快找只公猫,让她"完婚"算了!

不嫁丑八怪

那天下午,女儿放学回来就兴高采烈地报喜,说:"那栋楼的老奶奶家有只公猫,让我把姣姣拿去呢!"于是,女儿和妻郑重其事地将姣姣抱去做"新娘"了!

姣姣并没有如愿以偿,又"完璧归赵"着回来了。据妻和女儿介绍,姣姣害羞,一去就躲在人家床底下不出来,还是那只名叫咪咪的公猫,极其热情地将她一会儿勾过来,一会儿唤过去。"但没配上!"妻避开女儿说,"那只猫太难看了,又瘦又小,鼻子上还长了个痣。我都瞧不上眼,别说姣姣了!"

谁知第二天一早,那老太太竟然将那只黑白花的小公猫抱来了,一进门就嚷嚷:"咪咪叫了一夜,觉也不睡,饭也不吃,害相思病了,咋办?"据说,咪咪也正为爱情而颠沛流离,每次外出归来浑身伤痕累累,可想而知他竞争力太差。因此,一见我家洁白如玉、丰腴美丽、具有高贵波斯血统的姣姣,咪咪奋不顾身地就扑了上去!

可惜,我家又靓丽又丰满的姣姣一见咪咪,不像见了"情人",倒像见了仇人似的,白毛倒竖,双耳后张,长尾直指屋顶。一蓝一黄两只瞳孔,涨得又大又圆,嘴里发出"嗞嗞"的怒斥声。咪咪偏偏不识好歹,亲热地扑过去欲行"非礼",姣姣就猛地冲过来,对准"小流氓"那丑陋不堪的脑袋,抡圆爪子,左右开弓一阵耳光,直扇得咪咪兔子般笔直地站起来,低垂两只前爪,紧闭双眼,一副"你打吧你杀吧"的可怜模样。姣姣仍不解恨,扑上去又撕又咬,竟撕下了人家脸上的一撮黑毛来。那只可怜的多情郎晕头转向,连鼻尖上那粒丑陋的黑痣,都颤抖不停,最后夹着尾巴躲进床下,再也不敢出来。我们连忙喝止,老太太心疼地抱起她的心爱的咪咪,嘟嘟嚷嚷悻悻离去。

"姣姣是眼头太高,看不上他们家的猫!"妻得意地夸奖道。姣姣渴望爱情,但绝不随便嫁个丑八怪!可见,她即使对于爱情也不失大家闺秀的风范,百里挑一,不草率从事。于是,我们全家开始四处为她寻访"对象"。后来,我实在不堪姣姣肆无忌惮不分昼夜的"性骚扰",硬是狠下心肠把她草率嫁人。

都是我惹的祸

把姣姣许配于人,我悬在空中的那颗几欲崩溃的心,终于"咚"地一声落在了被褥上,可以睡个安稳觉了!然而,姣姣的姐姐——我的女儿,却哭得"梨花一枝春带雨",悄悄地对妻煽风点火说:"爸爸烦姣姣了,狠心地把她送给了人。再烦我了,把我也送人。最后烦你了,也会……妈妈,爸爸太可恶了!我恨死他了!"

女儿的梨花带雨和姣姣的匆匆"出嫁"一样,本来就够让妻伤心的了,女儿又这么咬牙切齿地一煽风,终于点起了妻的熊熊怒火!她一改平素的低眉顺眼,母豹一样"呼"地一声扑过来,怒目圆睁,恶语似剑,直刺我自恃威严的面门:"你!老实说,究竟想干什么?恨不能将我们娘儿几个都处理掉!你安的到底是啥心?"

"这,这从何说起呢!"见一向畏我如虎的妻突然翻脸,大发雌威,我竟然一时手足无措,张口结舌,乱了方寸,"我只是觉得姣姣已到'婚嫁'年龄,不为她找对象,她又哭又闹,吵得我白天无法写作,夜晚难以安眠,也叫得四邻不安。'嫁'她出去,与我们与她都有益无害呀!再说,她毕竟不过是一只,一只猫嘛!"

"猫也是动物!你难道不懂得人要爱护动物吗?呜呜!"素有"林黛玉"之美誉的女儿,终于放声大哭起来。哭声又激起了妻的怒涛滚滚,她也趁机发泄多年淤积的私愤,说:"你一向专制独裁,自私自利,重男轻女,狼一样心狠手毒,连一只猫都容不得!如果姣姣在李密那儿有个三长两短,小心你的狗头!哼!"

妈呀!就因为嫁了一只混血转种的波斯猫,我就成了千古罪人。而且,连带朋友李密也招我的悍妻娇女忌恨……

正月初九那天,李密来拜年,正巧姣姣思春心切,不顾礼义廉耻,躲在床下哀嚎声声,声声令人心碎!李密是灌过一盒《十四媒婆走天山》曲艺带子的"民间笑星",天性热心撮合人间好事,就借着酒力拍胸脯保证:"我住的那一片猫哥哥成群结队,把姣姣托付我,保管3天内体体面面'出嫁',3个月后风风光光地做妈妈!"

这真是久旱逢甘霖,朋友最知心啊! 我激动地亲手把盏,为李密连敬三杯,只怕他清醒了变卦,嫌麻烦反悔带姣姣走。女儿见木已成舟,毕竟年幼尚无"表决权",只好冷不丁儿向李密提出了个非常苛刻的条件:"李伯伯,您一定要给姣姣找一只波斯公猫啊!""波斯公猫?"李密顿时酒醒了大半,果然反悔道,"我可找不到什么波斯猫。算啦,算啦,你家姣姣我也不带走了!"我一听头皮发麻,狠狠剜了女儿一眼,又低声下气给"李笑星"连灌六杯,终于趁他晕晕乎乎之际,将姣姣装进一只纸箱,连推带操送他们挤上公共汽车。

漫漫两年的烦恼,终于一扫而光!

女儿和妻,从此与我打起了"冷战"。我自知理屈辞穷,便相信"时间可以冲淡一切",也不理不睬,由她们去吧! 谁知 2 月 14 日那天下午,我的红颜知己 S 小姐打电话来对我兴师问罪:"我们之间没什么吧?是正常朋友,对吧?我没得罪嫂夫人吧?可上午我给你打电话,你女儿凶巴巴地说,我妈妈让我转告你,你以后别再给我爸爸打电话了!"

我一听头就炸了! 扔下电话,立马找女儿兴师问罪! 谁知女儿一副视死如归的神色,冲我嚷道:"谁让你夺走我心爱的'妹妹'呢! "

我差点晕过去了! 唉,这到底是姣姣惹的祸呢,还是我惹的祸? 于是,我以姣姣的名义写了一份"控诉状",提交媒体以表示忏悔之意……

一只猫的控诉状

我姓白,名姣姣,是一只猫,一只有点转种的波斯猫。我天生一双"鸳鸯眼",左黄右蓝,又圆又大又水灵,煞是迷人。不然,也许正因为我是一只猫,才不能像人那样享受起码的"猫权"。我绝非崇洋媚外之辈,但我的确特羡慕外国,比如大不列颠。如果在那个遥远的岛国,我起码可以控告他——也就是我的主人—— 一个天天坐在家里屁事不干, 只会在纸上画来画去——动辄吹胡子瞪眼骂我逗我打我以至于叫嚣着说要将我从 6 楼上扔下去的大坏蛋! 真的,如果在大不列颠国,我可以告他"虐待罪"、"威逼恐吓罪",还有"性骚扰罪"!

我的男主人,他上辈子肯定是头老虎,或者是条狗! 反正都一样,对我们猫类充满了刻骨的仇恨和歧视。进他的家门,也许是我一生中最大的失误,现在悔之晚矣! 然而,作为一只猫,在一个没有"猫权"的国度里,我又有什么法子呢? 当时,我出生才 3 个月,命运掌握在我那懦弱无奈的母亲的主人手里。我母亲的主人——那个阴鸷如秃鹫的干巴老头—— 一个见钱眼开见利忘义的家伙,硬是用我换了张新铮铮亮光光的百元大钞。

人真可恶! 可恶至极! 其实,他——也是我现在的主人,表面上温文尔雅、道貌岸然,买我时就已经对我的纯洁性进行了无耻的"骚扰"。他当着那么多同类和异类

(尤其是可憎的狗)的面,辨认我是男是女,还不怀好意地嚷嚷道:千真万确,是个小姐,应该起名叫姣姣。

"母猫温柔,可就是爱叫春!"他还皱着眉说。"你才爱叫春呢,真不要脸!"我在心里暗骂,又不敢让他听见。

自从他心怀叵测地将我抱回家,一旦闲下来,就开始整我。他先是用"四只眼"(像四眼狗)色迷迷地盯着我看,看得我脸热心跳,不好意思,就把目光挪开。这一挪开,就惹他生气了!他就像电视上那些色情狂一样,不由分说将我一把拎起来,翻转身子,用两只狗爪一样的手,死死地按住我的脑袋,让我跟他面对面地对话:

"你乖不乖?"

"喵!"

"你听不听话?"

"喵!"

"你为啥爱吃鱼?"

"喵!"

"你想不想猫哥哥?"

"喵!"

"你什么时候能生几只小猫呢?"

"喵!"

"你他妈除了喵,就不会说点别的吗?"废话!会说别的我还叫猫吗?

每当此时,我真担心他一口吞了我。他那张牙齿零乱臭气熏天的嘴,真是跟狗和狼一样!难怪他老婆天天晚上骂他"恶心"。他不敢向老婆撒气,便来找我恶心!他这号男人,真不是东西!尤其令我悲愤的是,自从那天我登上高高的衣橱,一不留神掉下来摔坏了腰以来,两个多月了,简直是度日如年呀!如果不是他的老婆和女儿,我不渴死、饿死,也会被他折磨死的!他那人简直是没有人性!

有天中午,我内急,又下不了床,他却死在一边只顾读一本无聊的书,就是不来帮我一把,抱我去卫生间。结果呢,我忍不住在床单上拉了一小块粪便。就一小块,跟羊屎蛋大不了多少。这下可不得了啦!他"嗷"地一声大吼,扑过来抓住我,硬将我的脑袋往那块脏物上压。当时我吓坏了,真不知道他还会采取什么恶毒的手段整治我,我惊恐万状,悲愤至极,便"喵呜"一声将那块粪便囫囵着吞进了嘴里。唉呀,真像吞了一只苍蝇,我恶心死了!那一刻,泪水如泉直往肚子里流,他却装做没看见,将我狠心地一扔,丢在了卫生间冰凉的地面上,我伤心地哭了整整一夜……

还有一天晚上,全家人都出去玩了,丢我一个在家看门。我正缩在沙发一角昏睡,他一个人回来了,一进门,他就打开电视看什么《雍正王朝》。看雍正就看么,非得过来骚扰我。他猛一巴掌,我猝不及防,禁不住屁滚尿流!这下可闯大祸了!他将我摔在地上,又骂、又打、又踢,直打得我奄奄一息,干脆躺在地上装死吧!老鼠就爱这样子。唉！死是容易的，活着可真难呀！作为一只猫，啥没有都行，可千万别有病啊！我只有默默地向上帝祈祷：主啊，请您发发慈悲，救救我们这些可怜的猫吧！最好能给我恩赐一条飞毯，让我能去那古老的金字塔下生活。据说，埃及人是一直把我们奉为神灵的。

不久前，我在房间抓住一只正四处游荡的公老鼠，仇人相见，分外眼红，何况我一肚子邪火正愁无处发泄呢！我刚张开嘴要吃它，不料，老鼠先生摇头摆尾地说："猫小姐，请先别着急伤我性命，听完我的故事，你保证不会对我们鼠辈再粗俗无理！"

大不列颠国有个老太太因虐待一只宠物鼠，被热爱动物的邻居告发，法庭正儿八经判罚她84英镑，并责令她立即给宠物鼠改善生活，精心调养，并保证今后要善待老鼠……

什么？善待老鼠？啧啧，老鼠是什么东西！竟然受神圣的法律保护？我相信那只老鼠早已看到我被主人整治的狼狈相，才讲这个故事让我听，真羞死人也，我枉为一只猫！羞愧交加之际，我稍一松手，老鼠就倏地一下逃之夭夭了！

据说在中国也有什么"动物保护法"，我真想运用一下法律的武器，以维护自己的合法权益。然而，当我向某著名大律师咨询时，人家不屑一顾地告诉我，那是《野生动物保护法》，你是猫，归家畜类，不受法律保护。我听罢差点气晕过去！

我伤痛欲绝！难道，我就这样暗无天日地活下去吗？

唉！我这只可怜的猫。

耍人的猴子

一个衣衫褴褛的乡下男人牵着 5 只猴子在城市的大街上走着，吸引得一群人都撑着看热闹。看的人多了，那个男人便找块空地停下来，"叭叭叭"地甩一串响鞭，令 5 只猴子按大小个儿排好队，用很地道、浓郁的河南腔开始吆喝："耍猴喽——"

民间有句俗话，说"四川的猴子河南人耍"，本意也许就是"耍猴"，因为河南境内似乎不产猴，而四川峨眉山的猴子举世闻名。然而，这句俗话三传两讲，就有了引申义——骂人！自然是骂四川人再精明得像猴，也让河南人耍了。言外之意，河南人比四川人更精明。

罢了！有伤老乡尊严与和气的话还是少讲为好，咱们就猴论猴。这 5 只猴子明显的是一家老少。最小的那位真像个不懂事的孩子，面对凶神恶煞似的耍猴人的恐吓，无动于衷，只顾用两只毛茸茸的小手抱一个大桃子津津有味地啃。最老的那两位似乎是做父母的，"文革"年代的"黑五类"一样被呼喝得心惊肉跳，东躲西藏。至于剩下的那两个，也许是小猴子的哥哥或姐姐，则一猴手抓一个玉米棒，啃一口，蹦一下，躲着呼啸的皮鞭，生怕一不留神挨上一抽。

耍猴的河南人不顾在大庭广众下，用不堪入耳的粗话骂他的这几个挣钱的工具，比如骂小猴"我 X 你妈！"又骂老猴"我操你祖宗！"反正猴子就知道挨骂，却不知道"妈"和"祖宗"有什么区别。那位做母亲的母猴，嘴张了两张，看上去似乎很想回骂一句，却终于无话可说，就自个儿蹲在一边生闷气。那位做父亲的公猴，本来对当众挨骂恐怕早就义愤填膺了，又见耍猴人滥施淫威用鞭子抽它，竟出乎人们意料之外地蓦然跳起来夺过鞭子，使劲地扔到一边去。当耍猴人猫腰捡时，它又抢先扔到另一边，如此三番五次地让耍猴人疲于奔命，总也抢不回鞭子。

猴子倘若是人，一定会义正辞严地断喝一声：放下你的鞭子！可惜，它仅仅是一只猴！作为猴子，它惟一能做到的就是用最原始的方式报复：夺鞭子、扔石头。当耍猴人命令它把半块砖顶在头上以示惩戒时，公猴忽然将半块砖头狠命地向耍猴人掷去。可惜，力气太小，没打着。围观的人们哄地笑了！耍猴人的绝对权威受到挑战，气极败坏地去捡鞭子。谁知刚捡起鞭子正要抽打，冷不防被母猴从背后猛一推，差点摔个狗吃屎。耍猴人终于恼羞成怒，一边满嘴喷粪地大骂，一边满场撵着打猴子。

正当满场笑看这场人猴相耍的好戏时，一群身着白制服蓝肩章的"大盖帽"，突然从天而降，喝令人猴停止游戏。

　　"好哇！几千里路你能把猴子运到这儿来,本事不小呀！"一个"大盖帽"厉声喝斥道,"谁让你在这儿耍猴？影响市容,罚款！"

　　耍猴人一下子像孙子见了爷爷,矮下半截去,忙陪笑讲软话。再瞧那 5 位猴子,个个严肃地眨巴着小眼睛,望望"大盖帽",又望望主人,似乎大惑不解:主人啊主人,你平时凶得跟狼一样,咋还怕"大盖帽"呢？

　　它们肯定不知道人类有句名言,叫"一物降一物"。

我难忘的美利奴

美利奴是一只壮硕、善良而勇敢的公羊。它头上长着一对坚硬盘旋的角，浑身有厚实、纯白的毛，两只黄褐色的眼睛，总流溢着聪慧的光波，分得清敌友，也明白谁对它孬，谁对它好。

认识它的时候，我才 14 岁，刚从初中毕业回到农村。因为体弱个矮，无法干重体力活，生产队长就将美利奴牵给我，郑重其事地说："小子，这美利奴就交给你了，你要把它放好、喂好、看好，千万别出差错，队里每天记 8 分工给你。这 8 分工可是个壮劳力每天的报酬呀！不过小子，如果美利奴伤了、瘦了，或者有个三长两短，可别怪我不客气，听好啦！"

妈呀！一只羊竟然有这么金贵，还要派专人伺侯？记那么高的工分？还要队长大人这么煞有介事地给我上"政治课"？饲养员大爷解释说："孩子，你别小瞧这只羊，它可是从很远很远的外国来的，值好几百元钱呢！咱们队的羊群全靠它带路，靠它生儿育女哩！它还撵跑过偷羊的贼，吃羊的狼呢！可惜，自从去年它得了羊癫疯病，动不动就转向、抽风，不吃不喝，谁看着都心疼呀！队长把它交给你，那是看你诚实、可靠，又有文化，一般毛头小子别说他不放心，我还不放心呢！孩子，你可要把美利奴当成全队人的命根子好好放养呀！"

万万没想到，美利奴真这么金贵。

第一次和美利奴"亲密接触"，它就给了我个下马威，差点没羞死我！那天，刚去生产队的羊圈牵它，它先是冷冷地盯着我，任凭我怎么推、拉、打，就是四肢坚挺、趴地，巍然不动。见那么多人在旁边笑我：一个大小伙子，牵不动一只羊！我恼羞成怒，边骂边抡起了手里的柳条鞭。谁知，还没等我的鞭子落下，冷不防就被它冲上来，一头顶出几丈远，疼得我躺在地上呲牙咧嘴，连眼泪都流出来了，自然又激起了一片哄笑声。

"看老子怎么收拾你！"我在心里暗暗发誓。但当着众人的面，我只能强忍着疼痛，在饲养员大爷的帮助下，才终于牵动了它，把它带到离村子远远的一处山坳。那儿寂静无人，却有绿茵茵的野草。美利奴一到那儿就一反常态，用柔和而感激的目光望着我，"咩咩"地叫着，一头扎进草丛，"嚓嚓嚓嚓"贪婪地吃起来，吃得嘴角流汁，津津有味。本来，我是下决心在这儿狠狠抽它一顿的，以报那当众被羞辱的"一箭之仇"。但是，聪明的美利奴也许早看透了我的心思，它不再像刚才那样骄横和敌意，而是吃几口草，总不忘抬起头来用和善的目光望望我，"咩咩"地叫几声，又低头忙着吃它的草,好像对我表示感激,又表示和解一样。我几次都举起了复仇的柳条鞭,最终还是轻轻地放下了。我暗自责问:"你一个堂堂的中学生,能跟一只羊计较吗?"

就这样,我成了四邻八村惟一的只放一只羊的"羊倌"。每天清早,我从饲养员大爷手里牵过美利奴,迎着暖洋洋的太阳,走向绿草丰茂的山野。一路上,美利奴就像要去接亲的新郎,急不可耐地反倒牵着我小跑,边跑还边又蹦又跳地撒欢,"咩咩"地歌唱。整整一天,我拔我的猪草,割我的柴禾,挖我的草药,而美利奴呢?除了忙着吃草就是卧下来,眯起双眼静静地思考和晒太阳,也许它想它的那群新娘了,也许它想它遥远的故乡了。每当这时,我都会对他油然而生出一丝怜惜和同情。偶尔,它会犯病,一犯病就低头一圈又一圈地转圈,转着转着就扑倒在地上,开始抽风,四肢僵硬,两眼泛白。起初,我有点怕,但据饲养员大爷说,别怕!它抽一会自己就好了!果然,每次抽那么十几分钟,它就又恢复常态,自己慢慢站起来,抖抖身上的尘土,又自顾自地吃草、玩耍,好像什么事也没有发生过一样。

我真是心疼啊!总想:什么时候自己能当个兽医,一定要治好美利奴的"抽风"病!后来,我果然鬼使神差地被一所畜牧兽医学校录取。

经过多日的相处,美利奴与我建立了深厚的感情。我们一起赛跑,一起玩耍,一起做游戏。善解人意的美利奴,每次和我练"顶牛",总是先四肢蹬地,垂下脑袋来,嘴里呼哧呼哧的喘粗气,好像非得跟我决一雌雄不可!然而,当我躬身爬在地上,闭起眼睛等待它那猛然的一击时,却总是落空。待我睁开双眼,才发现美利奴总冲到离我一步之遥的地方,就猛地刹住脚,并不真的跟我"顶牛"。我终于明白了,美利奴怕它那致命的一击,真的会令我脑浆迸裂,一命呜呼!

村里有条恶狗,不大,四眼,却凶狠如狼,专拣小孩、生人和牲畜欺侮。每次路过它家门前,它都准会扑上来,呲牙咧嘴,朝我"汪汪"狂吠,吓得我屁滚尿流,生怕冷不防被它咬上一口。那天黄昏,我牵着美利奴回来,走近那只恶狗的门前,正当我提心吊胆时,果然随着"汪汪汪"一阵狂吠,那条四眼狗又从门里冲了出来。我吓得一边挥舞着手中割柴禾的镰刀,一边虚张声势想喝退它。那畜牲也许看透了我色厉内荏的心理,更是直腰翘尾,随时准备扑上来咬我和美利奴。当时,我真怕它伤了美利奴,没法向队长和全村人交待呢!

突然,身后的美利奴挣脱我的手,忽的一下直冲上去,低头对准朝我示威的恶狗的肚皮,用它那对坚硬的角猛地一顶,只听"嗷"地一声惨叫,那只恶狗翻滚在地,又忙不迭地爬起来,未及我反应过来,就"嗷嗷"惨叫着一边张慌失措地回头,一边夹着尾巴没命地逃进了自家的院门。

"美利奴,你真是好样的!"我蹲下身来,抱着勇敢的美利奴,热泪盈眶,亲了个没够。

后来,那头恶狗只要见了我和美利奴,远远地就扭头"嗷嗷"叫着,夹起尾巴落

荒而逃！再后来,我要继续上学去了,与美利奴分手的那天,它的两眼泪光闪闪,我也泪流满面……

哦！我难忘的老朋友——美利奴！

为牛的母子

　　每天走过邻家的小巷,看到那对为牛的母子,我都会产生一种莫名的悲哀。

　　我悲哀这头母牛,每天为主人分泌出一大桶洁白如玉芳馨四溢的乳液,却吃不到一棵嫩绿的草,哪怕是一枚鲜绿的树叶。还有这头小牛,自从出娘胎就生活在这条小巷的尽头,既没有见过外面的世界,也没有尝过鲜嫩的青草的味道,更没有遭遇过同龄的异性,享受那种天然的诱惑和激情。

　　对于这头母牛的历史,我不大清楚。只记得第一次看见她时,时令还是盛夏,四周皆葱绿一片,她怀着胎儿大腹便便地卧在地上,嚼着毫无水分的干草,一副安之若素、踌躇满志的神色。尽管她生活在这座城市的某个角落,却绝对享受不到这座城市的人类孕妇们所能拥有的关爱、温暖和幸福的千分之一。她惟一能吃到的,就是那千篇一律的干草,干的麦草、苦豆子以及玉米秸秆之类。就像贫困山乡的村妇,除了喝粥就酸菜外别无选择,也就习惯了沉默和忍受。

　　入冬落雪的那个下午,母牛终于分娩了。分娩的那天,主人也许是怕纷纷的大雪夺走他赖以挤奶赚钱的工具,就将母牛牵进草棚,点燃一堆干牛粪,假惺惺地表示着灵长类对低级动物的某种仁慈和关怀。我看到了母牛眼中满含泪水,泪水溢出美丽的大眼睛而结成冰凌,一副感激涕零的样子。就在这个极短暂的温暖的氛围里,小牛悄然坠地。在母亲亲切的舔抚中,小牛长哞一声,然后就颤颤巍巍地站起来,立定,用一对清纯无瑕的大眼睛环顾四周,并真切地感受这个新奇世间的每一寸寒冷。又一个悲哀的角色开始履行它生命的天职了,我想。

　　小牛就这样随母亲在这座城市的这个角落,这条狭窄短促的小巷,坐卧、走动。母牛嚼着结满冰渣的干草,始终怡然自得,神态安祥。小牛偶尔撒着欢吃几口母乳,便用油亮光滑的小鼻子嗅嗅干草的异香,并怯生生地尝试几口。我曾几次想带小牛走出小巷去玩儿,它却用警惕的双眼盯着我,不肯贸然前行。母牛则一改往日的温柔,满脸怒气地喷着响鼻,虎吟着将两只弯弯的角伸过来,做出随时决斗的姿势。我落荒而逃,心里充满了伤感和羞辱。

　　又过了些时日,母牛那一大兜乳房被罩上了一只布袋。我就明白,那是为防止小牛偷吃。断了奶的小牛呢,此刻正卧在一边,鼻圈也已经套上了一根粗粗的缰绳。它的双眼似乎消失了往日奇异的光彩,嘴里嚼着干草,对我的挑逗和怜惜无动于衷。

　　再过了些时日,也就是冬去春来,草木返青了。这一对为牛的母子,日复一日的待在这座城市的这条小巷尽头，依然嚼着去年的干草，只是晒着今年暖洋洋的日头。整个夏天都是这样。惟一不同的是，小牛渐渐长大了，面相与毛色，与母亲一模一样。

不知不觉又秋风乍起，这一对为牛的母子终于吃到了新运来的食物——但仍旧是干草。好在它们从不挑食，一口一口吞嚼得津津有味。我想，它们这一辈子恐怕很难吃到鲜嫩的青草了，就像它们这一辈子恐怕永远也走不出这条小巷。我想起了那辽阔广大的草原，肥美的草场，以及那些自由恋爱、交媾的牛群，不禁对这对母子不公正的命运产生了愤愤的不平！然而，我又有什么办法呢？它们毕竟是牛啊！

又一个冬天在不知不觉间来到了。那天，天上下着飞飞扬扬的大雪，我下班回家时路过那条小巷，只见那头母牛呆呆地卧在原来的位置，面无表情，旁边的雪地上，有一滩猩红的血迹，却不见了小牛。我心里"咯噔"一下，就好奇地问巷口开杂货店的老汉，这才知道那头刚满一岁的小牛，已经被宰杀了。

那头小牛自生下地，还没吃过一口青草，没走出过小巷一步啊！

像雪豹那样生活

雪豹是一种美丽的动物。

雪豹更是一种神秘的动物。

雪豹还是一种稀有的动物。

雪豹浑身都是宝，从它的皮毛、肌肉到每一块骨骼。因此，它才濒于灭绝，人类的贪欲注定了它悲惨的命运。然而即便真的有一天，雪豹从这个地球上消亡了，它的形象、它的精神、它的灵性、它的传奇，能随之消亡吗？我想那是绝不可能的。就像威武的龙、美丽的凤凰，还有吉瑞的麒麟，雪豹也会被赋予更加神奇的色彩，供人类的后世子孙代代相传，顶礼膜拜。

有人誉雪豹是"安静中的力量"。雪豹生活在海拔 3000 米雪线以上的高山峻岭，远离尘世，远离喧嚣，远离人烟，也远离其它的动物群落，孤傲而高贵，勇猛而静谧。它无意称雄，不事张扬，不愿跟别人争风吃醋，哪怕是在自己的领地，它也只忠于自己的那份天职，给别人留有足够的生存空间。

雪豹，是名副其实的王者。这种高踞于食物链顶端的食肉动物，除了为生存所迫的本能驱使，它一般情况下不会主动攻击别人，更不像老鼠和狗熊那样，总是在贪婪地搜罗和积蓄过冬的食物。"人不犯我，我不犯人"，这就是雪豹的处世原则，也是真正的王者逻辑。

我们见过不少张牙舞爪的东西，比如猕猴、螃蟹，还有主人膝下的犬。我们也见过不少哇里哇啦的东西，比如麻雀、鸡鸭，还喜欢扎堆的猪崽。我们还见过不少诡计多端的东西，比如狐狸、黄鼬，还有擅长偷窥的狼。这些东西尽管很有实用的意义，有的也很让人畏惧、害怕，然而，他们又怎敢与雪豹相比呢？它们或懦弱无能，或做贼心虚，或恃强凌弱，或凶狠残暴，或为达目的而无所不用其极，但在雪豹面前，它们连扬起脸儿说话的勇气都没有。因此，它们只是令人不齿的小动物。这世间惟有缺乏自信的人，才喜欢三五成群，呼朋唤友，四处掠夺，招摇过市。

一个真正大写的人，无论他有无权力、地位或名声，都应该像雪豹那样生活，活出王者的尊贵，活出神仙的逍遥。不去和那些贪婪的同类争蝇头小利，不招摇过市以炫耀自己浑身美丽的花斑，更不随意中伤无辜者的生命尊严。

有人感叹雪豹"是上帝的化身"。雪豹，纵然生活在食物匮乏的高山之巅，也自有其超乎寻常的生存能力。它会审时度势，敢于挑战，懂得寻找机遇，瞄准目标，一鼓作气，绝不轻易放弃。哪怕对方是彪悍凶猛的牦牛，还是獠牙峥嵘的野猪。作为

"高山兽王"，雪豹从不畏惧任何威胁，任何利诱，任何蛊惑。它始终行走在人气之外，在幻觉和理想间寻找生存的路，展示生命的尊贵和奇迹。

诺贝尔文学奖得主路德亚·吉卜林曾这样赞美雪豹——

"假如你能将自己所有的一切／赌注在生死攸关的时刻／失败了，从头开始再来／嘴里没有半个字的失败／假如你的心脏、神经和筋骨，虽离你远去／却依然能致力于你的轮回／一直坚持职守，尽管你本身已在灰飞烟灭。"

我们真的应该像雪豹那样生活，哪怕活得很辛苦，很艰难，很悄无声息，默默无闻。因为只有那样，我们才能真正地活出自己，活出生命的原本价值。